好きを生きる

天真らんまんに
壁を乗り越えて

牧野富太郎

興陽館

好きになった動機というものは実のところそこに何にもありません。
つまり生まれながらに好きであったのです。

まことに生まれつき善いものが好きであったと一人歓び勇んでいるのです。

そしてそれは疑いもなく私一生涯の幸福であると会心の笑みを漏しています。

植物が好きなために花を見ることがなにより楽しみであってあくことを知らない。

天性好きな植物の研究をするのが、唯一の楽しみであり、またそれが生涯の目的でもある。

植物が好きであったので山野での運動が足り、且つ何時も心が楽しかったため、従って体が次第に健康を増し丈夫になったのである。

疑いもなく私一生涯の幸福である。

好きなことだけして生きられたら幸せです。

でも、それができるのは才能がある人。自分には無理！――なんて考えていませんか？　そんなことはありません。ただ好きで好きをつらぬいた人生があります。

富太郎は好きなことだけして、一生を駆け抜けました。

いくつもの壁をのりこえて、夢をかなえてきました。

健康で元気に九十四歳まで長生きもしました。

本書は、植物を愛した植物学者の牧野富太郎が書き続けたエッセイ集です。

「好きなことを追求して生きればいい。好きを生きれば、人生がうまくいく」そんな天真らんまんな富太郎のメッセージが力になることでしょう。

興陽館　編集部

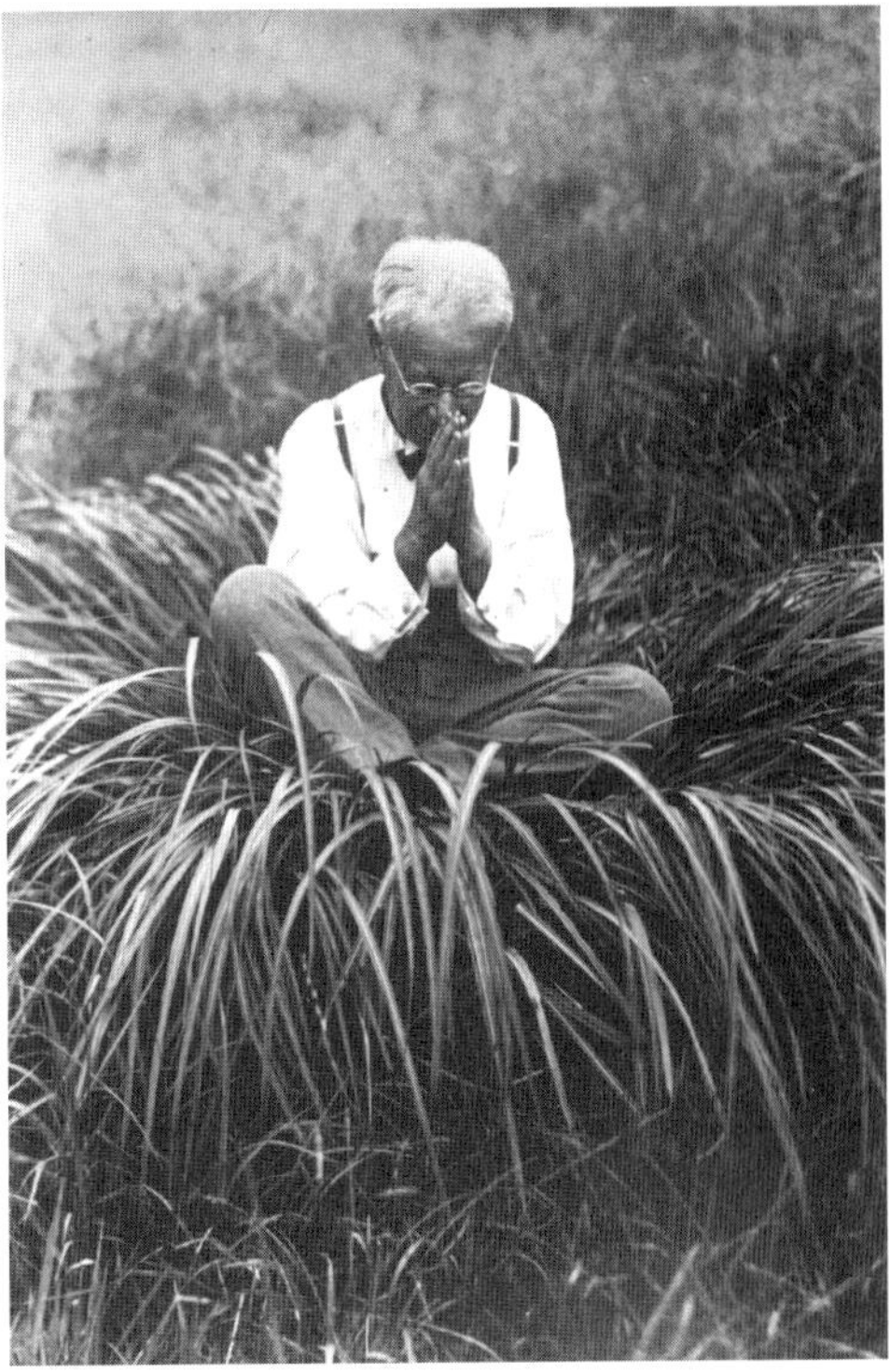

好きを生きる　目次

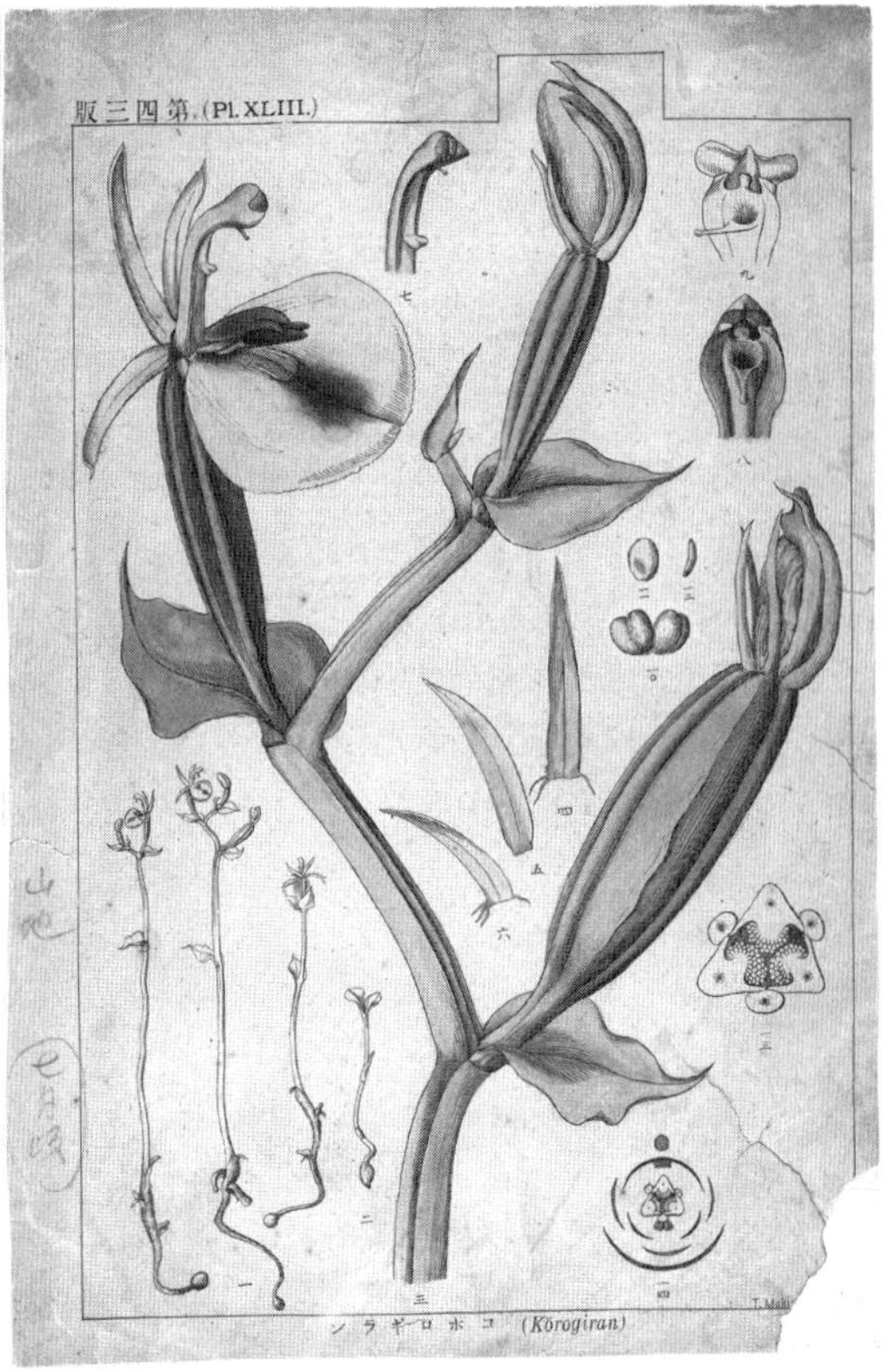

コホロギラン

土佐横倉山の産（越知村）

牧野富太郎 写生

写真提供　高知県立牧野植物園

1

好きを生きる

わが姿たとえ翁と見ゆるとも
心はいつも花の真盛り

好きなことだけすればいい

草木は私の命でありました。

草木があって私が生き、私があって草木も世に知られたものが少くないのです。草木とは何の宿縁があったものか知りませんが、私はこの草木の好きな事が私の一生を通じてとても幸福であると堅く信じています。そして草木は私に取っては唯一の宗教なんです。

私が自然に草木が好きなために私はどれ程利益を享けているか知れません。

私は生来ようこそ草木が好きであってくれたとどんなに喜んでいるか分りません。

それこそ私は幸であったと何時も嬉しく思っています。

好きに理由はない

私は植物の愛人としてこの世に生れ来た様に感じます。或は草木の精かも知れんと自分で自分を疑います。ハハ、、、私は飯よりも女よりも好きなのは植物ですが、しかしその好きになった動機というのは実の所そこに何にもありません。つまり生れながらに好きであったのです。

幼いときから好き

どうも不思議な事には酒造家であった私の父も母も祖母もまた私の親族の内にも誰一人特に草木の嗜好者はありませんでした。私は幼い時から何んとなしに草木が好きであったのです。

私の町（土佐佐川町）の寺子屋、そして間もなく私の町の名教館《めいこうかん》という学校、それに次で私の小学校へ通う時分よく町の上の山などへ行って植物に親しんだものです。即ち植物に対しただ他愛もなく趣味がありました。

私は明治七年に入学した小学校が嫌になって半途で退学しました後は、学校という学校へは入学せずにいろいろの学問を独学自修しまして、多くの年所を費しましたが、その間一貫して学んだというよりは遊んだのは植物の学でした。

出世したいという野心はない

私はこれが立身しようの、出世しようの、名を揚げようの、名誉を得ようのというような野心は今日でもその通り何等抱て居なかった。

ただ自然に草木が好きで、これが天禀の性質であったもんですから一心不乱にそれへそれへと進んでこの学ばかりはどんな事があっても把握して棄てなかったものです。

しかし別に師匠というものが無かったから私は日夕天然の教場で学んだのです。それゆえたえず山野に出でて実地に植物を採集しかつ観察しましたがこれが今日私の知識の集積なんです。

たのしいことをする

私は自分の学問に対してあまり苦労したことはなかった。今日まで何十年にわたる長い年月の間実に愉快に学問を続けてきて、ついに今日に及んだのであるが、平素その学問を特に勉強したようにも感じていないのは不思議である。

これは結局生まれつき植物が好きであったため、その学問があえて私に苦痛を与えなかったのであろう。

私は少年時代からたえず山野に出て植物を採集した。それが今日もなおやはり続いてその採集がとてもたのしい。

恋して五十年、まださめない

私は去年大学を辞めて以来日夜この大使命遂行の為に献身的努力を払っているのであって決して安閑と日を過しているのではない。『三年蜚《と》ばない鳴かない鳥も蜚《と》んで鳴き出しゃ呼ぶ嵐』というのが、私の今の心境である。

私は植物研究の五十年を回顧して詠んだ次の句を以て、この自叙伝の終りを結びたいと思う。

『草を褥に木の根を枕、花を恋して五十年』

（五十年といえども、この恋はまだ醒めない）

終りに臨み、私の為に永らく貴重な誌面を提供された白柳秀湖先生の御厚意に対し、深甚なる感謝の意を表したいと思う。

好きをつらぬく

私は天性植物が好きだったのが何より幸福でこの好きが一生私を植物研究の舞台に登場させて躍らせた。

これが為め私の体は幸に無上の健康を得私の心は無上に快適で、前述の様に高年の今日でもその研究が若い時分と同じく続けられ国家並に学問に対する我が義務が多少でも果せる事を念うと誠に歓喜の至りに堪えない。

是れは一に天に謝さねばならぬものである。

花をみることは楽しい

植物が好きであるために花をみることが何より楽しみであってあく事を知らない。誠にもって仕合せな事だ。

花に対すれば常に心が愉快でかつ美なる心情を感ずる。故に独りを楽しむ事が出来、あえて他によりすがる必要を感じない。故に仮りに世人から憎まれて一人ボッチになっても、決して寂ばくを覚えない。

実に植物の世界は私にとっての天国でありまた極楽でもある。

私は植物を研究しているとあえてあきる事がない。故に朝から晩まで何かしら植物に触れている。従って学問上にいろいろの仕事が成就し、それだけ学界へ貢献するわけだ。

中には新事実の発見も決して少なくないのは事実で、つまりキーをもって天の扉を開くというものだ。

もしも世界中の人間がわれに背くとも、　あえて悲観するには及ばぬ。
わが周囲にある草木は永遠の恋人としてわれに優しく笑みかけるのであろう。

朝な夕なに草木を友に
すれば淋しいひまもない

2

仕事を愛する

何時までも生きて仕事にいそしまむ

いくつになっても働く

人間は足腰の立つ間は社会に役立つ有益な仕事をせねばならん天職を稟けている。それ故早く老い込んではオ仕舞だ、又老人になったという気持を抱いては駄目だが、然しそんな人が世間に寡くないのは歎かわしい。今日戦後の日本は戦前の日本とは違い、脇目もふらず一生懸命に活動せねばならぬのだから、老人めく因循姑息な退嬰気分は一切放擲して幾ら老人でも若者に負けず働く事が大切だ。私は翁、老、叟の字が大嫌いで揮毫の際結網翁（結網は私の号）などと書いた事は夢にもない。

何時までも生きて仕事にいそしまんまた生れ来ぬ此世なりせば

何よりも貴とき宝持つ身には富も誉れも願はざりけり

百歳に尚道遠く雲霞

養生訓も、処世訓も必要ない

前にも陳べた通り私は体が至って健康な故に、別に養生訓と云うものに、ついぞ注意を向け心を労した事がありません。つまり所謂養生に無関心な訳で、私の体には其養生と云うものに対して心配する程な、欠陥がないからです。故に畢竟敢て気に留めないのです。又処世訓も同様で、私は敢て世態に逆らわずに進退し常に其れに順応して行く故に、特に所謂処世訓と曰う様な題目に心を配って其れを兎や角と論じ理窟を言って見た事は一度もありません。

自ら誇らず、他をねたまない

こうした事が人生として有意義に暮らさしめる。人生まれて酔生夢死ほどつまらないものはない。大いに力めよや、吾人！　生がいあれや吾人！　これ吾人の面目でなくて何んであろう。何事も心が純正でかつ何時も体が健康で、自ら誇らず、他をねたまず、水の如き清き心を保持して行くのは、神意にかなうゆえんであろう。こんな澄んだ心で一生を終れば死んでもあえて遺憾はあるまい。そして静かに成仏が出来るに違いなかろう、とあえて私は確信するのである。

終りに臨みて謡うていわく、
学問は底の知れざる技芸なり
憂鬱は花を忘れし病気なり
わが庭はラポラトリーの名に恥じず
綿密に見れば見る程新事実
新事実積り積りてわが知識
何よりも貴き宝持つ身には、富も誉れも願わざりけり

大きな顔はしない

真の学者は、たとえ知識をもっていたとしても決して大きな顔などはしない。少しぐらい知識を持っていたとて、これを宇宙の奥深いに比ぶればとても問題にならぬほどの小ささであるから、それはなんら鼻にかけて誇るには足りないはずのものである。真の学者は死ぬまで、戦々兢々として一つでも余計に知識の収得に力むる《つと》ものである。

どこにいても恥ずかしくない仕事をする

私は大学へ入らず民間にあって大学教授としても恥ずかしくない仕事をしたかった。

大学へ入ったものだから、学位を押付けられたりして、すっかり平凡になってしまったことを残念に思っている。

私は従来学者に称号などは全く必要がない。学者には学問だけが必要なのであって、裸一貫で、名も一般に通じ、仕事も認められゝば立派な学者である。学位の有無などは問題ではないと思っている。

一生の仕事をつくる

『日本植物志図鑑』というのが私の処女作で、それから大学発行の『大日本植物志』を初めとして、その他いろいろの書物を著わし、出版した中で、北隆館で発行した『牧野植物図鑑』が一番広く世人に愛読せられている。

上に述べたように、私の一生はほとんど植物に暮れている。即ち植物があって生命がありまた長寿でもある。ようこそわれはこの美点に富んだ植物界に生れ植物が好きであったことを神に謝すべきことだと思っている。私がもしも植物を好かなかったようなれば、今ごろはもっと体が衰え手足がふるえていて、心ももうろくしているに違いなかろう。幸いに植物が好きであったために、この九十二歳になっても、英気ぽつぽつ、壮者をしのぐ概がある。そしてなお前途にいろいろの望みを持って、コノ仕事も遂げねばならぬと期待し歳月のふけ行く事をあえて気にする事なく、日夜わが専門の仕事にいそしんでいる。そのセイか心身ともにすこぶる健康で、いろいろの仕事に堪えられる事は何よりである。しかし人間の寿命はそう限りなきものではないから、そのうちには寿命がつきてアノ遠き浄土に旅たつ事になろうから、そこで旅立ちせん前に精力のあらん限りを尽して国に報い、世に酬ゆる丹心を発展さすべきものである。即ちこれこそ男子たるべき者のとるべき道でなくて何であろう。

私はわが眼力がまだ衰えていないので、細かき仕事をするに耐えられる。従って精細な密な図を描く事も少しも難事ではないのは、何より結構至極なのであると自信している。

学位や地位などには私は、何の執着をも感じておらぬ。
ただ孜々として天性好きな植物の研究をするのが、唯一の楽しみであり、またそれが
生涯の目的でもある。

訓《よ》みを改めることはとても重大な仕事

私は、日本文化のために、これまで世間で出版せられている総ての漢和辞典にある文字の旧《ふる》い訓《よ》み方を改めねばならんと痛感している。そして、この改訓はこの上もない大切な、かつ極めて重大な事柄で、実は学界にとっての緊切な大問題であるにかかわらず、誰一人の学者も未だかつてこれに指を染め、それを主張したことがなく、また実行する勇気の欠けていることは、文句なしに日本学者の恥辱であり、怠慢であり、日本学界の欠点であり、また学生たちの不幸でもある。

「改札」は間違い

終りにも一つ、国鉄では、今なお「改札口」という語を用いている。この改札なる語ははなはだ悪く、全く意味をなしていない。このような語を平気で用いていることは国鉄の恥である。これはよろしく検札口と改正し改善すべきものだ。「改」は変更するアラタメであり、検査するアラタメではない。

私はこの肩書で世の中に大きな顔をしようなどとは少しも考えていない。

人は信条で生きている

何んでもこう仕様と思っている考えは大小となく軽量となく何れも信条である。ですから、人々は沢山な信条を持っているわけだ。それゆえ信条のない人は恐らく世の中に一人もあるまい。

だが、信条には立派な信条もあればつまらぬ信条もある。**偉大な人の信条は此上もなく立派なものであるのだが、平凡な人の信条は其人の様に全く平凡である。**

あっといわせる「植物志」をつくりたい

私は凡人だから凡人並みの信条を持っている。其中で私として最も大なる信条は、我が日本の植物各種を極めて綿密に且正確に記載し、これを公刊して書物となし、世界の各国へ出し大いに日本人の手腕を示して、日本の学術を弘く顕揚し、且学界へ対して極めて重要な貢献をなし得べきものを準備するに在る。つまり各国人をアット言わせる誇りあるものを作りたいのだ。そして日本人はこの位仕事をするぞと誇示するに足るものを作らねばならん。

是れは日本の植物学者に出来ぬ仕事かどうかと言えば、それは確かに出来る仕事であると、私はこれを公言し断言するに躊躇しない。即ちこの目的を以て既に出来たものが、私の著述の『大日本植物志』即ち〝Icones Florae Japonicae〟であった。

私は大学にいる時、大学での責任仕事としてこの大著述に着手した。それは私一人の編著であった。そして私を信じて創めてこの仕事を打立て任せてくれた恩人は当時大学の総長の浜尾新先生であった。

著述に一生を捧げる

私は間もなく浜尾先生の仁侠により、至大の歓喜、感激、乃至決心を以て欣然その著述に着手した。私はこの書物について一生を捧げるつもりでいた。そして次のような抱負を持っていた。即ち第一には日本には、これ位の仕事をする人があるぞという事、其図は極めて詳細正確で世界でも先ずこれ程のものがザラにはない事、且図中植物の姿は固より其花や果実などの解剖図も極めて精密完全に書く事、其描図の技術は極めて優秀にする事、図版の大きさを大形にする事、其植物図は悉く皆実物から忠実に写生する事、この様にして日本の植物を極めて精密に且実際と違わぬ様現わす事、先ず凡こんな抱負と目的とを以って私は該著述の仕事を始めた。其原稿は精根を打込み自分で描いてこれを優れた手腕のある銅版師に托して銅版彫刻とし或は石版印刷としたが、後には幾枚かの其原図を写生画に巧みで、私の信任する若手の画工に手伝わした事もあった。

『大日本植物志』を四冊つくる

この大冊（縦一尺六寸、横一尺二寸）の第一巻第一集が明治三十三年（1900）二月に出版せられて西洋諸国の大学、植物園などへも大学から寄贈せられた。次で第二、第三、第四集と続けて刊行したが、元来植物学教室で当時私は極めて不遇な地位に在りながら奮闘して居ったため、教授の嫉妬なども手伝って冷眼せられ、悪罵せられなどして、この『大日本植物志』の刊行は第四冊目でストップしてしまった。今思うと、これはこの上もない惜しい事で若しも之れを今までも続けていたなら、必ず堂々たる貴重本にもなっていたであろうし、亦学問上へも相当貢献していたであろうが、短命で夭死したので、誠に残念ながら、ただ四冊丈けが記念として世に残る事となった。

明らさまに言えば今日の日本の植物界で著者自身で精図も描き、詳細無比の解説文も綴るこのような仕事を遂行出来る人は恐らくこれなく、亦チョットそんな人は世に出ないのであろう。是れは著者が余ほど器用な生れの人でない限りそれは出来ない相談だ。自慢するようで可笑しいけれど、この植物志と同様な仕事を仕遂げる人は先ず今日では、率直に言えば私自身より外にはないと断言してよいのであろう。これは狂人の言かも知れないが若しあればやって見るがよい、果して匹敵が出来るかどうか、何時でも御手際を拝見しよう。私の残念でたまらない事はこの仕事が続かなかった事だ。この私の深い信条の仕事が頓挫した事だ。是れは日本の文化のために此上もない惜しい事だが、しかし兎に角四冊丈け出来た。嘘と思えばどなたでも右の四冊を御覧になって下さい。そうすれば私が虚言を吐いているか妄言を弄しているかが能く分るであろう。

やりたいことをやる時間がほしい

私のやりたいと思ったこの大きな信条のその実行が、右の様に挫折した事は、日本の為めにも亦私の為にも甚だ惜しい。之れを思うと涙がにじんで来る。私が今もっと若ければ復たび万難を排して仕事にかかるけれど、何にを言え少し年を取り過ぎた。イヤ八十九歳でも強いてやれば出来ん事はない自信はあれど、他に研究せねばならぬ事項が沢山あるからこの一事に安んじてそれを遂行する時間を持たない。ただ私のせめてもの思い出は、右植物志は私の記念碑を建てた様なものであると自分で自分が慰めている次第だ。希くは将来右の植物志と同様、否な、それ以上の立派な仕事が出来る人が日本に生れ出て、その誇りとする出来栄えを世界万国に示されん事を庶幾する次第だ。

私の信条の大なるものは先ず此の如しだ。妄言多罪、頓首々々。

3

健康の秘訣

私は戌の年生まれで、今年九十五歳になるがいまだに壮健で、老人めくことが非常に嫌いだ。

したがって自分を翁《おう》だとか、叟《そう》だとか、または老だとか称したことは一度もない。

植物を愛することは健康によい

健康の方面から言っても、植物を愛好するということは大変よい。植物を愛好するためにはどうしても外へ出る。外へ出るということは健康上から大変よいことで、外へ出ると自然に運動が必要になってくるし、日光にも当る、よい空気を吸うということになります。私はこのような年になっても健康で、昨年は立山にも登ったりしました。私は小さい時は弱く痩せていたが、だんだん方々の植物を採集して歩いたりしたので身体が強くなりました。私はこのような健康を全く運動によって贏《か》ち得たわけです。散歩ということは大変よいことですが、道を歩くのも憂鬱ではいけない。心を楽しませて歩かねばいけない。楽しい心で歩くとよい運動になります。植物はどこに行ってもあるもので、植物を愛好すればどこを歩いても植物を見て楽しむことができる。私はどんな山奥に一人で行っても淋しいと思ったことは一度もありません。植物を見ておれば非常に賑やかで、また楽しい。

酒も煙草もやらないから健康になる

まず丈夫な身体を作るということにしていただきたいものです。女の人は煙草を吸うてはよくない。煙草は害物であるからどうか吸わぬようにお願いしたい。それからこれは男子の学校なら私は大いに話したいのであるが、あなた方は女であるから酒のことは心配ないと思います。

私は小さい時から酒も煙草も飲まない。それが年をとってくると影響する。私は七十五になりますが動脈硬化ということがない。私の動脈は軟らかい。血圧も高くないからこれから先まだ三十年も生きられると喜んでおります。こんなに私が身体が丈夫なのは酒、煙草を飲まないのが大変手伝っていると思います。

七十四歳でも健康だ

二十代を顧りみて、いままでによかったと思うことが一つある。丁度その頃僕達の市街にもいろいろの料理屋などが出来て、思想の定まらない青年達はその感覚の魔界におぼれて随分その前途を謬ったものが多かった。然し自分は植物の研究に自らの趣味も感じていたので花柳の巷には足を入れようとは思わなかった。又その時分若しも酒に親しむような悪習に染まっていたならば、あるいは酔いに乗じて酒に飲まれていたかもしれない。小さい時から酒をのまなかったことは正しく身を守ることを保証しているのです。

私は現在七十四歳です。でも老眼でもなく血圧も青年のように低い。動脈硬化の心配もない。医者の言葉ではもう三十年もその生命を許される、との事である。酒や煙草を飲まなかったことの幸福を今しみじみとよろこんでいる。

青年は是非酒と煙草をやめて欲しい。人間は健康が大切である。我等は出来る丈健

康に長生きをし与えられたる使命を重んじその大事業を完成しなければならぬ。身心の健全は若い時に養わねばならぬ。

七十九歳になっても元気

仕事をすまして頭を枕につけるととたんにぐっすりと朝迄熟睡するから、今だに記憶力が鈍ったとか、気力が衰えたとか感じたことはない。今年は七十九歳になったが、胃腸も丈夫で何でも食べるし、血圧は低く、採集に山登りをしても足腰が痛むということは全くない。そう肩が凝ったらあんまをしろの、腰をさすって呉れの等といったことがないから、家の者は誠に世話のやけない年寄だと思って喜んでいる。

好きなことで生きた八十五歳の今が幸せ

私は今年八十五歳になるのだが我が専門の植物研究に毎日毎夜従事していて敢て厭く事を知らない。

つまり植物学への貢献を等閑に附していないのだから何方にも御安心を願いたい。実際私は昨年十月二十四日に山梨県北巨摩郡穂坂村の疎開先きから帰宅した。以来何んだか新世界へ生れて来た様な気持ちである。

是れからは日本文化の為め尽さねば国民たるの資格が果せないとの考えから大にその責任と義務とを良心的に感じている次第だ。早速に我が仕事として年来蘊蓄した知識を順々に発表する為め『牧野植物混混録』なる個人雑誌を編輯したが、鎌倉書房主人が義侠的にこれを発刊して呉れたので以下の号も続いて世に出す事となっている。そして私は疎開先きから帰るや否や躊躇なく我が研究を進め今日の只今も縣条書屋の書斎南窓下の机に凭って一方には植物の実物を検し一方にはペンを動かしてこれを記述し、又写生図をも自分に作っている。此間机前に坐り通し、ただ用事のある時、食事の時、又は来客に接する時など丈け其れを離れるのである。頃日庭に咲いた中華民国産のマルバタマノカンザシ（円葉玉簪花）の写生に四日を費やした様の始末で、余り我庭へも出る暇がない。其れ故我が庭で何時草の花、木の花が咲き了ったのか知らずに過ごしている事も時々ある。また偶々庭に出ると其処から採集して来た植物を今でも昔と同じく標品に製作して他日の考証に備える用意を怠ってなく其押紙を取換える事など皆自分にやらんと気が済まない。即ちこんな事が私の日常の日課で少しも休んでいない。そして不断、夜は大抵一時二時若しくは三時までも勉強し時にはペンを走らしている間に夜が明ける事もある。けれども敢て体の疲れる事を覚えないのは何により仕合せであると喜んでいる。

八十五歳になったいまも幸福

私はこの様に為る事が我が楽しみであるばかりでなく、其れは私に課せられた使命であると信じて居り、勉強すればする丈け仕事の効果も上り、延いては其れが斯学に貢献する事となり、つまりは日本文化の為めになる事を思えば何んの苦にもならず、極めて欣ばしく感じているばかりである。故に今日の私は我が一身を植物の研究に投じ至極愉快に其日其日を送っているので、こうする事の出来る我が身を非常な幸福だと満足している次第である。そして前にも記した通り我が年も八十五になったから、これから先きそう長くも生きられ得べくもなく、もう研究する余年も甚だ少ないので只今此健康に恵まれ眼も手もよい間にうんと精出しておかねばならんと痛感している。同学の諸士は私よりは年下だのに早くも死んだ人が少なくないに拘わらず、吾れは尚心身矍鑠たる幸福をかち得ているからこの達者なうちに一心不乱働かねば相済まぬことと確信している。

九十四歳まで生きた五つの健康習慣

1　心を平静に保つ

何にも別に関心事なく平素坦々たる心境で平々凡々的に歳月を送っています。即ち斯く心を平静に保つ事が私の守ってる健康法です。併かし長生きを欲するには何時も我が気分を若々しく持っていなければならなく、従て私は此八十六の歳になっても好んで、老、翁、叟、爺などの字を我が生命に向って用いる事は嫌いである。例えば牧野翁とか牧野叟とかと自署し亦人より牧野老台などとそう書かれるのも全く好きません。其れ故自分へ対して今日まで自分に此んな字を使った事は一度もなく『我が姿たとえ翁と見ゆるとも心はいつも花の真盛り』です。

2　栄養をとる

今日は時節柄止むを得ないから、毎日得られる丈けの食物で我慢し生活せねばならぬのだが、併し成るべく滋養分を摂取する事に心掛け、我が学問の為めに何時までも自分の体力を支え行かねばならんと痛感しています。それでも元来自分が幸に至極健康であるが故に今日のところ身体は別に肥える事はないけれど仕合せには亦敢て弱りもしません、けれども戦前に比ぶれば食の関係で多少痩せた事は事実である。且此頃は脂油を得るに難いから為めに皮膚の枯燥を招いています。誠に困ったもんです。

3　小食が体にいい

私は生来割合に小食です。其食物は物により嫌いはあれど、亦特殊な好物もなく先ず何んでも食っています。胃腸が頗る丈夫なので能く食物を消化し、一体食物には不断に誠に世話の焼けない方です。併かし従来腥臭い為めに余り魚類を好きませんでしたが、此頃は食味が一変して能く其れを食しています。牛肉は幼年時代から一串せる嗜好品ですが鶏肉は余り喜びません。コーヒーと紅茶とは至て好きで喜んで飲みますが抹茶は余り難有思いません。今日は右コーヒーと砂糖とが得難いので困っていますが、然かしヤミで買えば何んとか成る様です、呵々。

4　酒と煙草は嫌い

私は酒と煙草とは生来全く嫌いで幼少時代から両方とも呑みません。元来私は酒造家の息子なれども幼い時分から一向に酒を飲まなかったのです。従来此酒と煙草とを用いなかった事は私の健康に対して、どれほど仕合せであったかと今日大に悦こんでいる次第です。故に八十六の此の歳になっても少しも手が顫わなく、字を書いても若々しく見え敢て老人めいた枯れた字体にはならないのです。又眼も良い方でまだ老眼になっていないから老眼鏡は全く不用です。そしていろ〳〵の書き物写し物は皆肉眼でやり、又精細なる図も同じく肉眼で描きます。併かし、頭髪は殆んど白くなりましたが、私は禿《ハゲ》にはならぬ性です。歯は生れつきのもので虫歯はありません。此頃は耳が大分遠くなって不自由です。それから頭痛、逆《ノボ》せ、肩の凝り、体の倦怠《ダルサ》、足腰の痛みなど絶えてなく按摩は私には全く用がありません。又下痢なども余りせず両便とも頗る順調です。

5　鼻で呼吸する

私は文久二年四月の生れですが、まだ物ごゝろの附かぬ時分に早くも両親に訣れて孤児となりました。我が家の相続人に生れた私は幼ない時分には体が弱々しかったので家人が心配し時々灸をすえられたが、其れから後次第に息災となり余り病気をした事がなく、そして何等持病と云うものがありません。併かし今から最早や二十年程前に医者に萎縮腎だと言われましたが、小便検査にも一向蛋白が出ず、或は時々山に登り或は相当に体を劇動させても爾後何の異条もなく今日に及んでいます。併かし此二三年以来重い物を抱える際に突然座骨神経痛様の強い痛みが偶発する事があるが其れは凡そ一ヵ月位で自然に全快します。又昨年以来不意に三度も肺炎に侵されしが幸に平癒して以来何んの別条もなく、此頃は一向に風邪にも罹らず過ぎ行いています。数年前に本郷の大学の真鍋物療科で健康診断をして貰った事があったが、其時血圧は低く脈は柔かで若い者の脈と同じだ、これなら今後三十年の生命は大丈夫だと、串戯《じょうだん》交りに言われた事があり、そして此血圧の低い事と脈の柔かい事から推しますと先ず私は脳溢血に罹る事はない様に思われます。又或る医学博士は、先生の身体は檜造りで何処も何等の異条がないと褒められた事もありました。又私の体は創をしても滅多に膿を持たず癒るのが頗る早いので、小さい創は何んの手当てもせず何時も其儘に投り放しで置きます。つまり私の体は余り黴菌が繁殖せぬ体質と見えます。即ちバクテリアの培養基としては極めて劣等のものと想像します。そして何んだか自分にも其様に信ずるので流行病のある時などでも電車中でマスクを掛けた事は絶てありません。それから私は常に鼻で呼吸をしています。電車中でも隣の客が咳をしますと、其唾の飛沫を吸い込まぬ用心の為めに暫時、呼吸をする事を止めています。

七十八歳でも老人ぶらない

私は今年七十八歳になりましたが、心身とも非常に健康で絶えず山野を跋渉し、時には雲に聳ゆる高山へも登りますし又縹渺《ひょうびょう》たる海島へも渡ります。そして何の疲労も感じません。私は上の様に年に行っていますけれど、私の気持ちは先ず三十より四十歳位の処で、決して老人の様な感じを自覚しません。もうこんな年になったとて老人ぶることは私は大嫌いで、何時も書生の様な気分なんです。学問へ対しましても何時も学力が足らぬという気が先きに立ちまして、自分を学者だなんどと大きな顔をした事は一度もありません。それは私に接する人は誰でもそう感じそう思って下さるでしょう。少し位学問したとてそれで得意になったり、尊大に構えたりするのはそれは全くへソ茶もので、わが得た知識を此宇宙の広大かつ深淵な事に比べれば、顕微鏡で観ても分らぬ位小さいもんダ、チットモ誇るに足らぬもんダ、オット、チョット脱線しかけたから復た元へ還って、私の健康は上に書いた様だが、人間は何をするにも健康が第一である事は誰も異存はないでしょう。どんな仕事をするにしても健康でなければダメで時々病褥に臥したり薬餌に親しんだりするようでは如何に大志を抱いていても決してこれを実行に移す事は出来ません。

さて私の健康は何より得たかといいますと、私は前にいった様に、幼い時から生来草木が好きであったため、早くから山にも行き野にも行き、その後長い年月を経た今日に至るまでどの位歩いたか分りません。それで運動が足ったのです。その間絶えず楽しい草木に向い心神を楽しめ慰めつつ自然に運動が足ったわけです。その結果遂に無上の健康を贏《か》ち得たのです。

歩くことで健康になる

私の両親は私の極幼い時に共に若くして世を去りまして、私は両親の顔も両親の慈愛も知りません。兄弟も無かったので私独りポッチであったのです。祖母が私を育てましたが幼い時は大変に体が弱かったそうです。胸骨が出ているといって心配してくれた事をウロ覚えに覚えています。クサギの虫、又赤蛙《あかひき》を肝の薬だといって食わされ、又時々痛いお灸をすえられました。私が酒屋の跡襲ぎ息子、それはたった一人生れた相続者であったため、とても大事にして育ててくれたらしいのです。少し大きくなりまして十歳位にもなった時、私の体はとても痩せていましたので友達などはよく牧野は西洋のハタットウだなどとからかっていました。それは私の姿が何んとなく西洋人めいていて（今日でもそうらしいのです）且痩せて手足が細長いというのでハタットウといったもんです。ハタットウとは私の郷里でのバッタの方言です。こんな弱々しい体が年と共に段々と健康になり、ついに今日に及んでいます。

死ぬまで健康に暮らす

そしてその間大した病気に罹った事がないのですが、私の今日の状態ですとこの健康は先ず当分は続きそうです。今日私の血圧は低く脈は柔かくて若い人と同じであるので、医者は串戯半分先ずこの分ならばあと三十年は大丈夫ダといっていますがしかしこれをお世辞と聞いてその半分生きても大したもんです。そうすると私は九十位になる。どうかそうありたいもんだと祈っています。

余り健康自慢をする様でチト鼻につきますが、序にもう少々述べますれば私は一も持病がありません。そしていくら長く仕事を続けましても決して肩が凝るナンテ事はありませんから按摩は全く私には無用の長物です。逆上《のぼせ》も知らず頭痛も滅多にしません。又夏でも昼寝をしません。又夜は午前二時頃まで仕事を続けています。運動が足ったせいでしょう胃腸がとても健全で、腹痛下痢などこれまた誠に稀です。食事の時三ゼン御飯を食べればその二ゼンはお茶漬です。そして直ぐ消化して仕舞います。夜は非常によく眠りますので枕を着けると直ぐ熟睡の境に入ります。

私のこの健康を贏ち得ましたのは前にもいったように全く植物の御蔭で採集に行くために運動が足ったせいです。そして山野へ出れば好きな草木が自分を迎えてくれて心は楽しく、同時に清新な空気を吸い、日光浴も出来、等々皆健康を助けるものばかりです。その上私は宅は酒を造っていましたけれど酒が嫌いで呑まず、また煙草も子供の時から吸いませんのでそれがどの位私の堅実な健康を助けているのか知れません。今は耳が少しく遠くなりました外、眼も頗る明らかで（アミ版の目が見えます）歯も宜しく、そして決して手も顫《ふる》えませんのは何んという仕合せなんでしょう。それ故まだ私の専門の仕事は若い時と同じ様に出来ますので誠に心強く、これから死ぬまでウント活動を続けにゃならんと意気込んで居ります。先日大学を止めて気も心も軽くなり何の顧慮する事もいりませんので、この見渡す限りの山野に在るわが愛する草木即ちわが袖褸《しゅうる》を引く愛人の中に立ち彼らを相手に大いに働きます。そしてその結果どんなものが飛び出すのか、どうぞこれから刮目して御待ち下されん事を願います。

朝は八時に起きて健康になる

睡眠時間は先ず通常六時間或は七時間位で、朝は大抵八時前後に床から離れます。非常に能く眠り枕を附けると直ぐ眠りに落ちます。夢は時々見ます。此頃は夜は十二時前に就褥した事は殆んどなく、往々午前一時、或いは二時、或は三時頃、或は時とすると夜の明ける迄ペンを執っていますが、併かし其翌日は別に何んともありません。今日では大抵毎日朝から夜の更ける迄机前に坐し書生気分で勉強し、多くは我が著述に筆を持ち、或は植物の研究に従事し、只食事時に行いて食卓に就くばかりです。私は幸に非常に根気が能く続き、一つの仕事を朝から晩まで続けても敢て厭きが来る様な事は少しもありません。どうも何か仕事をしていないと気の済まん性分と見えます。そして夏でも一向に昼寝をした事はありません。併かし二三年来余り坐り通しで大に運動が不足して居り、且日光浴も紫外線に中る事も不充分ゆえ、これからは其辺に大に注意すべきだと思っています。私の机は主として日本机を用いテーブルよりは此方がずっと楽です。つまり是れは其人の習慣に由るのでしょう。

人間は長生きしてやりたいことをやる

人間のかく幸福ならんとすることはそれは人間の要求で、またその永く生きて天命を終わることは天賦である。この天賦とこの要求とが能く一致併行してこそ、そこにはじめて人間のこの世に生まれ出てきた真の意義がある。人間は何故に長く生きていなければならぬ？　また人間は何故に幸福を需《もと》むることを切望する？　その最大目的は動物でも植物でもおよそ生きとし生けるものはみな敢えて変わることはない。畢《ひっ》竟《きょう》人間は我が人間種類すなわちHomo sapiensの系統をこの地球の滅する極みどこまでも絶やさないようにこれを後世に伝えることと、また長く生きていなければ人間と生まれきた責任を果たすことができないから、それである期間生きている必要があるのである。

山を駆け抜ける

私は元来土佐高岡郡佐川町の酒造家に生れた一人ぽっちの伜であるが、まだ顔を覚えない幼ない時分に両親に別れた。そして孤となり羸弱な生れであったが、植物が好きであったので山野での運動が足り、且何時も心が楽しかった為め、従って体が次第に健康を増し丈夫になったのである。そして私は小さい時から酒も煙草も呑まないので、これも私の健康の助けになったに違いないと信じている。

4

花や植物が好き

花は黙っています。
それだのに花はなぜあんなに綺麗なのでしょう？
なぜあんなに快く匂っているのでしょう？
思い疲れた夕など、窓辺に薫る一輪の百合の花を、じっと抱きしめてやりたいような
思いにかられても、百合の花は黙っています。
そしてちっとも変わらぬ清楚な姿でただじっと匂っているのです。

花をみる心は美しい

　私は草木に愛を持つことによって人間愛を養うことができ得ると確信して疑わぬのである。もしも私が日蓮ほどの偉物《えらぶつ》であったなら、きっと私は草木を本尊とする宗教を樹立して見せることができると思っている。私はいま草木を無駄に枯らすことをようしなくなった。また私は蟻一疋でも虫などを無駄に殺すことをようしなくなった。この慈悲的の心、すなわちその思い遣りの心を私は何で養い得たか。私は我が愛する草木でこれを培《つちこ》うた。また私は草木の栄枯盛衰を観て人生なるものを解し得たと自信している。これほどまでも草木は人間の心事に役立つものであるのに、なぜ世人はこの至宝にあまり関心を払わないであろう？　私はこれを俗に言う「食わず嫌い」に帰したい。私は広く四方八方の世人に向うて、まあウソと思って一度味わってみてくださいと絶叫したい。私は決して嘘言は吐かぬ。どうかまずその肉の一臠《いちれん》を嘗めてみてください。

みなの人に思い遣りの心があれば、世の中は実に美しいことであろう。相互に喧嘩も起こらねば国と国との戦争も起こるまい。この思い遣りの心、むつかしく言えば博愛心、慈悲心、相愛心があれば世の中は必ずや静謐《せいひつ》で、その人々は確かに無上の幸福に浴せんことゆめゆめ疑いあるべからず。世のいろいろの宗教はいろいろの道をたどりてこれを世人に説いているが、それを私は敢えて理窟を言わずにただ感情に訴えて、これを草木で養いたいというのが私の宗教心であり、また私の理想である。私は諸処の講演に臨む時は機会あるごとに、いつもこの主意で学生等に訓話している。

われらが花を見るのは、植物学者以外は、この花の真目的を嘆美《たんび》するのではなくて、多くは、ただその表面に現れている美を賞観《しょうかん》して楽しんでいるにすぎない。花に言わすれば、誠に迷惑至極《めいわくしごく》と歎《かこ》つであろう。花のために、一掬《いっきく》の涙があってもよいではないか。

あなた方も花を眺めるだけ、匂いをかぐだけにとどまらず、好晴の日郊外に出ていろいろな植物を採集し、美しい花の中にかくされた複雑な神秘の姿を研究していただきたいと思います。そこには幾多の歓喜と、珍しい発見とがあって、あなた方の若い日の生活に数々の美しい夢を贈物とすることでありましょう。

花や人間が生きる理由

　生物はみな自分の種属、いわゆる系統を永く続かせることにもっとも努力しています。これは植物も動物も同じでありまして、この自分の仲間を蕃《ふ》やしてその種属をもっとも永く続かせるのに都合よくできているものほど、高等であり進歩しているということになるわけでありますから、こういう点から菊の花を観ますと、その種属を増やすのに一番都合よくできているのであります。

　これは人間でもその目的とするところは同じでありまして、私どもはこの永く続いていく系統のほんのわずかでありますが中継ぎをするためにこの世の中に生まれてきたのであります。今校長先生のお話では私を七十六と申されましたが、もう少々若くて、私は七十五であります。私はもはや中継ぎの役目を果たした、というのは、私は十三人も子供を作り、その中には死んだものもありますが、今では六人だけ残っております。そしてその六人もこの役は勤めている。もうこの後五年か十年か十五年の中に私どもは役目を勤めた名誉を負って天国へ行くということになります。その六人がまた次々と後継ぎを作って孫、ひまごという順に継いでいく、これが人間の本当の務めでありますが、こういう大切な務めを全うするためには一定の期間生きていなければならぬ。そのために社会を作って生活するということになるのです。ところで社会生活をする場合、天然のままにしておくと強い者勝ちになり弱い者が負ける。社会の人々がみな揃ってこの大切な中継の役目を果たすためには協同一致して博愛の徳を発揮し、無法な者が出ないように法律ができ、道徳があるわけで、もし社会に一つもそういう不都合がなければ法律も道徳もなくてよいのです。

集まるすばらしさ

菊は子孫を継ぐ上についていて他の花よりも非常に便利にできている。菊の花は植物の中でももっとも高等な、進歩した構造を持っております。植物を分類するのには多くのものの中から互いに似たものを集めて一つのグループ、すなわちFamilyを作っていて、これを日本語に訳してみると科というのだが、菊が一番進歩した科となっています。進歩したということは自分の子孫を後に残すのに一番都合よくできていることであります。あなた方は学校で習って知っているであろうが、知らない人から見るとこの菊の花は一輪の花に見えるけれど、これは梅や椿というような一輪と意味が違う。あれは純然たる一輪、菊は一輪ではない。これはちょうどあなた方がこの部屋に集っているのと同じような仕組であります。菊の花はここに集まられたあなた方全体に当り、梅や椿はその一人一人に当るというわけです。すなわち菊の花は複合花である。菊はなぜこんな花になったかというと、実を結ぶ必要から自然がしたものである。菊の花ももとは軸があってその周囲に一つ一つの花がまばらに着いていたろうと想像される。これは何億年も昔はそうであったのかもしれないがまばらでは不便である、集まる方が都合がよいというのでこういう風に集まったのであります。田舎より町へ集まった方がよい、集まるというのは、何か便利なことがあるからで、集まるべき必要があるからであります。大阪市があのようになったのもああいう風になるべき必要があったのである。私がいま話をしてもあなた方がここに集まっているからみな一度に聴ける、もしばらばらになっていたら一人一人に話してまわらねばならぬ、やはり集まった方が便利で都合がよいでしょう。菊の花も何かそうしたわけから自然がこうしてくれたのです。

楽しいことがあると心が落ち着く

趣味の話ですけれども、人間の一生涯は長いでしょう。その一生涯の長い間に、植物に趣味を持つくらい得なものはない。私が植物学者だからいうじゃないが、植物はどこにでもあり、いつでもある。それに趣味を持つということは、例えば芝居の好きな人が芝居を見、浄瑠璃の好きな人が浄瑠璃を聴いて面白いのと同じことで、植物に趣味があれば植物を見るのが非常に楽しい。好きさえすれば楽しみの分量はどれでも同じことである。その愉快を年中続けるということはこんな結構なことはない。人間はやはり愉快なということが続くのが一番いい（笑声）。心も平に穏になる。怒ることも少ない。植物に趣味を持つと気持ちが和やかになる。人間は喧嘩せずして和しているのが、人との交際上一番いいことですナ。

それから植物は嫌な思いをすることがない。動物は嫌な思いをすることがある。例えば犬が糞をすれば嫌な思いをするでしょう。植物はいつも清らかな様をしている。こういう家の周りにも木を植えてある。鳥や犬や猫は飼ってないが植物は植えてある。それを見ても植物のいいことが判る。赤、紫、黄、白などの色の花を見たならば誰だって悪い思いはしない。いい思いこそするけれども悪い思いはしないので情操を養うことにも大変に役立つ。

外に出て日を浴びると血行がよくなる

そうして植物に親しむと非常に身体が健康になる。始終外に出ると日光浴ができ、清らかな空気が吸われ、また運動が足ってしたがって血行が良くなり、血色も好くなる。人間は青い顔をしているというのではいかぬ、いつも生気に満ちた体になっていなければならぬ。それには新陳代謝の機能が良くなければならぬ。それにはどうしても植物に趣味をもって時々外に出で運動が足ればよい。毎朝顔を洗う時に湯を使わずに水でやると血行もよろしくなり、新陳代謝の働きも強くなって、したがって顔色に生気を帯びてくる。

花が笑顔をつくる

植物に趣味があれば心配のある時、あるいは気の浮かぬ時は草木の花を眺むればよい。この無邪気な綺麗な花に対すれば憂顔もたちまち笑顔となるであろう。どうかみなさんは植物に趣味を持っていただきたい。しかしそうなる根本は植物を知っておらなければならぬから、どうか植物に注意していただきたいということをお願いする次第です。

雑草という名の植物は無い。

雑草をバカにするな

世人はいつも雑草、雑草と貶《けな》しつけるけれども、雑草だって決して馬鹿にならんものである。味わえば味わうほど、滋味のでてくるものがある。またその自然の妙工に感歓の声を放たねばいられなくなるものもある。世人は、今少し植物に関心を寄せて欲しい。そうするならば、その人はどれほど貴い知識と、深い趣味とを獲得するであろうか。

植物がいるからさみしくない

もしも植物が無かったなら私はどれほど淋しい事か、またどれほど失望するかと時々そう思います。植物は春夏秋冬わが周囲にあってこれに取り巻かれているから、いくら研究しても後から後からと新事実が発見せられ、こんな愉快な事はないのです。

雑木林はたのしい

わたしの庭には、ちょっとした雑木林があって武蔵野のおもかげをとどめていますが、わたしは林のまわりや、書斎のまえの小さなあき地を野草園にして、いろいろな草を植えこんでいます。中には、消えてなくなってしまうものもありますが、たいそうよくしげって、毎年目を楽しませてくれるものも少なくありません。

朝夕に草木を吾れの友とせば
こころ淋しき折節もなし

よいものを好きになる

私は生来いろ〳〵の趣味を持っていますが、其中でも音楽、歌謡、絵画は最も興深く感じます。又自然界の種々な現象、種々な生物并に品物に就ても趣味を感じ、殊に火山に就ては最も感興を惹きます。けれども他に超越して特に深い趣味を感受するものは、何んと言っても天性好きな我が専門の植物其者です。草木に対していれば何の憂鬱も煩悶も憤懣も亦不平もなく何時も光風霽月で其楽み言うべからずです。誠に生れつき善いものが好きであったと一人歓こび勇んでいるのです。そして其れは疑もなく私一生涯の幸福であると会心の笑みを漏しています。従って敢て世を呪わず敢て人をば怨まず何時も心の清々しい極楽天地に棲んでいるのです。

なぜ世人は花を眺めるだけに止めておくだろうか。
なぜ花を手折って花瓶に挿すだけに止めておくだろうか。
なぜ花を愛しても二三の種類に止めておくのだろうか。
なぜ美しい花のみを鑑賞して美しくない花を検しないだろうか。

スミレはなぜ美しいのか

「春の野にすみれ摘みにと来し吾れぞ野をなつかしみ一と夜寝にける」と詠んだその人が、実際スミレがそこにあったのでそれでその野がことさらなつかしかったのであったとしたらちょっと他人のおよばないほどのスミレの愛人であるといえる。かくも強くスミレに愛着を感ずる人は世間にあまり見受けぬであろうが、これは山部赤人《やまべのあかひと》でその歌は『万葉集』に出ていて有名なものである。

スミレへもこのくらいの愛を持たねば、スミレを楽しむ人もあまり大きな顔をするわけにはいくまい。

しかしスミレといえばほとんどだれでもその名を知らぬものはないくらいだ。そしてなんとなく懐しい感じがする花であることはいなみがたい。

それはなぜであるかと言うと、スミレなる小さい草がしおらしい美しい花をうららかな春の野にひらいて、軟らかな春風にゆらいでいるからである。あの濃い紫の色を漂わしかつその花の姿もなんとなく優しいので、どんな人でもスミレを可愛らしいものとして礼讃《らいさん》しないものはないであろう。

なぜスミレという名前がつけられたのか

スミレという名を聞けばなんということなしにそれがいい名で慕わしく感ずるのであるから、これはそのスミレなる名の起こりに対し盲目であるのがむしろ賢いではあるまいかと思われる。なんとならばじつは一たびその語原を知れば、どうもかれの美名が傷つけられるような気がしてならないからである。

スミレはかの大工の使う墨斗《すみいれ》の形から得た名で、それはスミレの花の姿がその墨斗に似ているからだというのである。すなわちそのスミイレのイが自然に略せられてそれがスミレとなったのだというわけだ。

昔からわが日本人は菫の字をスミレに使っている。また菫菜も同様である。がしかしその菫も菫菜も共に決してスミレそのものではないから、これをスミレとして用うるのは大なる誤りである。そしてこの菫も菫菜も両方ともに少しもスミレとは縁のない字である。しかしこれを菫菫菜と菫の字を二つかさねて用いたときにはここに初めてそれがスミレとなる。しかしその菫菫菜がわがスミレのいずれにあたるかは今にわかに分かりかねるが、とにかくスミレのある一種の名でそれは支那でそういうのである。このように菫の字を二つかさねてそれへ菜の字を加え、そこで初めてスミレの名となるが、それを菫の一字を用うるかあるいは菫菜の二字を用いただけでは決してスミレとはならないということをわれらはしかと知っていなければならない。

しかればすなわち植物の名として菫ならびに菫菜は元来なにをさしているかと言えば、これはかのセロリすなわちCelery（学名ではApium graveolens L.）をいうのである。菫はすなわち芹と通じ、芹菜とも書き繖形科《さんけいか》植物の一種の名で、これは支那で蔬《そ》として圃に作っている。すなわちいわゆる旱芹で今これを解りやすく書いてみれば、

菫（芹）　セロリ（オランダミツバ）
菫菜（芹菜）　セロリ（オランダミツバ）
菫菫菜　スミレの一種

である。

右のセロリのオランダミツバはまた一にキヨマサニンジンと称する名のあるのは珍である。これは昔加藤清正が朝鮮征伐のとき同国からその種子をもたらしたもので、それがその後安芸の国広島の城地に野生の姿で生えていたそうだが、たぶん今日ではもはやとっくに絶えていてそれが一場の昔語りになっているのであろう。なぜ清正がわざわざこんなものを朝鮮から持って来たかというと、かの朝鮮征伐のみぎりこれは名産の薬用人参で候と朝鮮人にだまされそれを真に受けて、これこそ貴い朝鮮人参だと信じて携え帰ったものらしい。セロリにもこうした奇談があるのは面白いではないか。

また紫花地丁《しかじちょう》という名があって、支那でこれをスミレの一種に使っていることもあれば、またマメ科植物の一種でイヌゲンゲ（学名でいえばGueldenstedtia multiflora Bunge.）というものに使っていることもある。この草は日本には産せず、ひとり支那のみにある宿根草《しゅっこん》で一に米布袋とも称える。

スミレ類の名としては支那産のものには、上の菫菫菜のほかに種類によってなお匙頭菜、犁頭草、実剣草、如意草などの名がある。

スミレにはまたわが諸州によりいろいろの方言があって、スモトリグサ、スモトリバナ、カギトリバナ、カギヒキバナ、アゴカキバナ、カギバナ、トノノウマ、トノウマ、コマヒキグサ、キョウノウマ、キキョウグサなどの名がある。また一夜グサと一葉グサとは古歌に用いられた名であって、その歌は「一夜ぐさ夢さましつゝ古への花とおもへば今も摘むらん」、ならびに「いのちをやかけて惜まん一葉ぐさ月にや花の咲かむ夜な〳〵」である。

わが日本はスミレの種類の多いことじつに世界一で、つまりスミレでは日本は世界の一等国である。日本はスゲ類でもそうである。なんとさかんなもんではないか。世界万国に対しそねめそねめと言いたいところだ。わが邦《くに》のスミレ類は一百の種《スペシース》をずっと突破している。すなわち全世界スミレ類のほとんど五割に近い数を占めているのはエライもんだ。これらはみなViolaというスミレ属に属するもので、このViolaは俗に言えばVioletである。Violaはもとスミレのギリシャ語ionに基づき、それに小さい意味を持たせたラテン語字体である。そしてこれらのスミレ属などがあい集まっていわゆるスミレ科すなわちViolaceaeを構成している。

スミレには無茎品と有茎品がある

日本にあるこのたくさんなスミレ類はこれを二つに大別することができる。すなわちその一つは茎の立たない種類で、いわゆる無茎品である。またその一つは茎の立つ種類で、いわゆる有茎品である。ふつうのスミレは無茎品の一例で、タチツボスミレは有茎品の一例である。そしてこの有茎品と無茎品とを比べてみると無茎品の方がずっと多い。

無茎品の諸種はその葉がみな根生《こんせい》で、きわめて短い直立の地下茎から叢生《そうせい》し、花茎も同様根生である。これはふつうのスミレを見ればすぐ合点がいく。根は鬚根《しゅこん》で右の地下茎から下に発生している。

有茎品の諸種もその初めに出る葉は根生であるが、茎が立つとみな互生せる茎生葉となる。

葉には葉柄があって柄本には托葉《たくよう》がある。無茎品のものにはそれが葉柄本に沿着しているが、有茎品のものはこの托葉が分生している。そしてその中には櫛歯状に分裂したものなどもある。葉片はその形状が種々で、長いもの円いものがありまた裂けているものもあって、種類によって各異なっている。また葉面に毛のあるもの、あるいは斑紋のあるもの、あるいは光沢のあるもの、あるいは葉裏に紫色を帯ぶるものなどがあり、またたいていは葉縁に鋸歯《きょし》がある。

葉腋から花茎（植物学ではこんな葉の無い花茎を草と称する。かの水仙、ヒアシンス、サクラソウなどの花茎もそれである）が出てその頂に横を向いて一輪の花を着けている。花序は単花のようではあれどじつは一花ある聚繖花《しゅうさんか》である。この花茎の途中には必ず二枚の小さい苞《ほう》（苞とは花の近くにある小さい葉をそういう）がいつもきまったように付いている。きわめてまれにこの苞腋から小梗が出て、いよいよその花序が聚繖的である証拠を提供することがある。

スイセンは誰にでも好かれる

スイセン、それはだれにでも好かれる花である。木の葉も散りて秋も深みゆき、ふつうの菊花もしだいに終り際に近づき、さて寒菊の咲くころになると、はじめてスイセンの花がほころびはじめる。

もはや、花のきわめて少なくなった時節に、この花が盛りとなり、その潔白な色、そのゆかしい匂い、またその超俗な姿、それはだれにでも愛せらるる資質をうけているのはまことに嬉しい。世界にあるスイセンの種類は、およそ三十ほどであって、中にはずいぶんと立派なものもあるが、私はその中でも日本のスイセンがもっともよいと思っている。その嫌味のない純潔な姿は、他の同属諸種のとてもおよばぬ点で、またどこからみてもこれが一ばん日本人の嗜好にかなっていると思われる。

スイセンの花に同情する

ここに不思議なのは、スイセンは、このように立派な花をひらき、雌蕊《めしべ》も雄蕊もちゃんとそなわり、子房の中には卵子もあって、その器官になんの不足もないのに、どうしたわけか、花がすんでもいっこうに実のできないことである。私は、ついぞスイセンに実のなったことを聞いたことも、また見たこともない。しかし、このような例は必ずしもスイセンにのみ限ったわけではなく、かのシャガやヒガンバナなどでも同じで、やはり実がならない。

元来、花の咲くのは実を結ばんためであるが、それを考えるとスイセンの花は、じつは無駄に咲いているのである。思いやってみれば可哀想な花である。実を結ばん花は不憫である。あの純真な粧《よそお》い、あの清らかな匂い、ああそれなのに、その報い得られぬこのスイセンの花には同情せずにはいられない。

菊の花を愛する

この花の色、形、姿等は千種万態で大小いろいろあるのは人の愛を惹く素質であります。百花凋落《ちょうらく》して秋に咲く花がもう終わりを告げてその後に咲き出す、つまり暑からず寒からず身体に適した時に咲き出ずるのも菊の愛せられる一つの美点であります。

立派に作ることは技巧を要しますが、元来菊は強い作りやすい植物で、作ろうと思えば誰にでも作ることができ、庭に植えたままで放って置いてもいつまでも根が残っていて、年毎に花が咲き別に世話も要らないというようなことも、人々に多く作られる原因であります。なおまた菊は日本の気候に適しておりますので、日本の端々にまでも菊の花を見ないところはないというくらいに普及したということも、人に好かれる一つの美点とも言えましょう。

そして菊は大変よい香を持っていること、また花が咲いてもいつまでも咲いている、終日連日咲くというようないろいろの点に於いて人に愛せられます。

ヤマブキは、通俗に山吹と書くが、その訳は、私の考えるところでは、多分その嫋々《じょうじょう》たる［しなやかな］長い枝が、しはんで［しなって］それに顕著な黄花が聯《れん》着《ちゃく》しているところへ、山風が吹いてきて、その花が動揺するので、それで、山吹であろうと想像している。（中略）、罕《ま》れにその花が菊咲きになって咲くものがあって、これをキクザキヤマブキと称える。

彼岸桜とはなにか

彼岸桜――世人は彼岸桜といえば皆一つのように思いますが、関東と関西とで異っております。関東のは東京の上野公園にあるような大木であって早く花が咲くので彼岸桜といっております。信州の神代桜、盛岡の石割桜などは東京の彼岸桜と同じものであります。しかしこれらは本当の彼岸桜ではありません。これらを本当の彼岸桜と区別するために江戸彼岸あるいは東《あずま》彼岸と呼んでおります。本当の彼岸桜は木が小さくて大木にはなりません。そしてやはり花が早く咲きます。花ははでやかで大変美しい。関西にはたくさんあります。

菊は一つの花ではない

菊の花は複合した花でこれは一つの花ではない。（頭状花を示して）これは花の集まり、穂であります。こういうものを（周囲の花を示して）舌状花といって、この中心にあるのは中心花という。もし菊の花を芍薬《しゃくやく》の花で作ろうとすれば、これが（舌状花、中心花を示して）仮りに五十あるとすれば、芍薬の花を五十持ってきて集めなければならぬ。これでは一つの花が大きくなって不便である。そこで菊の花は多くの花が集まったのですから、この不便が起こらぬように一つ一つの花が単純になり、形が略され、押し合いへし合いして縮まって小さなものになる、そうなったものがこの菊の花であるが、それは種子を作るのに非常に便利であります。こういう風に集まっていると短い時間でたやすく授粉ができるが、まばらになっているとそれができない。例えば結婚をしようとする人を一堂に多数集めておいて、仲人が一人あって、みなにお盃を廻すと多くの結婚式が一時にすむことになりましょう。これと同じことです。

こういう風に花が多数集まっていると授粉が一度にできる。これを仲介するのは虫である。虫が一匹来れば二、三十の花が一度に実を結ぶようになる。もし一々あぶが飛び廻って花粉をつけていては時間が大層かかりましょう。こういうわけで万事大変便利にできています。

この周りの綺麗な花は雌花で、ここへ虫が来て中心の花の花粉をつけます。中心の花は両性花で雄蘂も雌蘂もあり、その底から蜜が出るので、虫はその蜜を吸いに来ます。虫は菊の花のことなど何も思っていない。自分の慾だけを満足しにやって来るのであるが、もし菊の花がまばらに着いていると一々探して歩かねばならぬ。こういうように多くの花が集まって周囲の舌状花が大きく美しい色をしていると、これを目じるしに飛んできます。そして中心の花の蜜を吸うために花の上を歩きます。虫の体には毛があるから、この時に花粉が毛につき、これがまた他の花の柱頭につくことになります。花の色はちょうど看板と同じである。私どもが町を歩いても看板がなかったら一々店の中を覗いていかなければ分からないでしょう。看板に当る赤や黄の色は虫を呼ぶためであって、虫に「見てくれ見てくれ」と呼んでいる、この花を人間が横からよい気になって観賞しているというわけです。菊の花ではこの周りの花が看板の役目をつとめ、そして実も結びますが、中の花は看板ではなくて実さえ結べばよいのであります。すなわち一種の分業が行われているわけで、こういう花は非常に進歩した高等な花であります。人間でもこの頃は何もかも分業でやりますが、それで進歩するわけです。動植物でも分業の行われるものほど高等に進んでいるといわれる。菊の花でもいま申した通り、実を作るところと、実も作るが看板にも当るというところとが協力していて、大変進歩した構造を持っています。このような高等な花をこの学校で愛し、こんなに盛んに作るということは大変意味深長であります。

さつまいもの一大変動

日本に作られているさつまいもは、およそ明治三十五年頃を界《さかい》として一大変動が起こっている。つまりその年の前後にさつまいもの品種の大転換が行なわれたのである。かくこの重大な異変がこの薯《いも》の上に起こっているにもかかわらず、それをそうはっきりと説破してある文章に出会わないのは不思議である。ゆえに世人はいたずらにこの事実を看過し、いっこうに気が付いていないようである。

元来品種の転換が行なわれたとはどうした事がらか、すなわちそれは、それまであまねく作られてあった品種が急に他の品種と置き換えられたことで、つまり新品が旧品を駆逐してその分野を占領したのである。

ジャガイモは馬鈴薯ではない

人を馬だといったらどうだろう。犬を猫だといったらどうだろう。誰でもこれを聞けば、そんな馬鹿なことは狂人でもいいはしないと、かつ叱り、かつ笑うであろう。

しかし、世間では、これに類したことが公然と行なわれているのは、確かに日本文化の低いことを証明していることだと痛感する。いわんや上は政府の官吏から、次は学者、次は教育者、次は世間の有識者かつ尋常の人とまでが、この犯罪者の中に入るのだと聞けば実に啞然として、開いた口が塞がらず、まことに情けなく感ずる。例えば、ジャガイモを捉えてこれを馬鈴薯だとする問題は正にこれであって、ジャガイモは断じて馬鈴薯ではない。馬だの猫だのといわれるのが嫌ならすみやかに昨非を改悛して馬鈴薯の名を追放し、以て身辺の穢れを浄むべきだ。そして、無知の誹《そし》りから脱出すべきだ、そうしなければ文化人としては落第だ。

人参は東洋にある

人参《にんじん》というものは東洋にある、いわゆる神草だ。年をへたものは、その根が手足を備えて人の形を呈しているが、この人の形を呈した人参が最も貴い。

そもそもこの人参たるや、とても大変な草なのである。ある時は、夜な夜な人の呼ぶような声で泣くこともあるという。ある時はまた、この草の生えている上に紫色の瑞気《ずいき》がたなびいたこともあったという。また、明皎々《めいこうこう》たる揺光星が砕け散って、天から降り、地に入ったら、それが人参に化したともいわれる。また、その威力で死にたくもない人にくびをくくらせたこともあり、のっぴきならぬ可愛い娘に身を売らせたこともあった。

植物は人生で大切なもの

植物と人生、これはなかなかの大問題で、単なる一篇の短文ではその意を尽くすべくもない。堂々数百頁の書物が作り上げらるべきはその事項が多岐多量でかつ重要なのである。

ところがここには右のような竜頭的な大きなものは今にわかに書くこともできないので、ほんの蛇尾的な少しのことを書いてみる。

世界に人間ばかりあって植物が一つもなかったならば「植物と人生」というような問題は起こりっこがない。ところがそこに植物があるので、ここにはじめてこの問題が擡起《たいき》する。

人間は生きているから食物を摂らねばならぬ。人間は裸だから衣物を着けねばならぬ。人間は風雨を防ぎ寒暑を凌がねばならぬから家を建てねばならぬので、そこではじめて人間と植物との間に交渉があらねばならぬ必要が生じてくる。

右のように植物と人生とは実に離すことのできぬ密接な関係に置かれてある。人間は四囲の植物を征服していると言うだろうが、またこれと反対に植物は人間を征服しているといえる。そこで面白いことは、植物は人間がいなくても少しも構わずに生活するが人間は植物がなくては生活のできぬことである。そうすると植物と人間とを比べると人間の方が植物より弱虫であるといえよう。つまり人間は植物に向うてオジギをせねばならぬ立場にある。衣食住は人間の必要欠くべからざるものだが、その人間の要求を満足させてくれるものは植物である。人間は植物を神様だと尊崇し、礼拝し、それに感謝の真心を捧ぐべきである。

我ら人間はまず我が生命を全うするのが社会に生存する第一義で、すなわち生命あってこそ人間に生れ来し意義を全うし得るのである。生命なければ全く意義がなく、つまり石ころと何の択ぶところがない。

その生命を繋いで、天命を終わるまで続かすにはまず第一に食物が必要だが、古来から人間がそれを必然的に要求するために植物から種々さまざまな食物が用意せられている。チョット街を歩いても分かり、また山野を歩いても分かるように、街には米屋、雑穀屋、八百屋、果物屋、漬物屋、乾物屋などがすぐ見付かる。山野に出れば田と畠とが続き続いて、いろいろな食用植物が実に見渡す限り作られて地面を埋めている。その耕作地外ではなお食用となる野草があり、菌類があり木の実もあれば草の実もある。眼を転ずれば海には海草があり淡水には水草があって、みな我が生命を繋ぐ食物を供給している。

食物の外にはさらに紡績、製紙、製油、製薬等の諸原料、また建築材料、器具材料などがあって吾人の衣食住に向って限りない好資料を提供しているのである。そこで吾人はこれら無限の原料を能《よ》く有益に消化応用することによって、いわゆる利用厚生の実を挙げ幸福を増進することを得るのである。

人間はなぜ鉄則をつくるのか

世界に生まれ出たものただ吾れ一人のみならば別に何の問題も起こらぬが、それが二人以上になるといわゆる優勝劣敗の天則に支配せられてお互いに譲歩せねばならぬ問題が必然的に生じてくる。この譲歩を人間社会に最も必要なものとしてその精神に基づいて建てた鉄則が道徳と法律とであって、ほしいままに跋扈《ばっこ》する優勝劣敗の自然力を調節し、強者を抑え弱者を助け、そこで過不及なく全人間の幸福を保証したものだ。これが今日人間社会の状態なのである。

ところがそこにたくさんな人間がいるのであるから、その中には他人はどうでもよい、自分独りよければそれで満足だと人の迷惑も思わず我利な行いをなし、人間社会の一人としては実に間違った考えをその通り実行するものがあって、社会の安寧秩序がいつも脅かされるので、そこで識者はいろいろな方法で人間を善に導き社会を善くしようと腐心している。今たくさんな学校があって人の人たる道を教えていても続々と不良な人間が後から後から出てきてひどく手を焼いている始末である。

沈む木の葉も流れの工合
浮かぶその瀬もないじゃない

名前を間違えるな

世の中を指導する立場にある人は、その指す物の名称を正しく云って、世人に教うる責任がある。にもかかわらず上に立つこれらの人々が臆面もなく間違った名を公言して憚《はばか》らないのは、わが文化のため、まことに残念であるばかりでなく、いつまでも世人を駆って誤称をあえてせしめるのは、また一種の罪悪であるともいえる。植物名にはこのような誤称が数多くあるのは困ったことである。

植物を愛する心があれば

あなた方が菊を愛し、また植物を愛するその心は、人間に大変尊いことだと思います。手短かに言えば、草や木に愛を持つというのは、それを可愛がり、いためないことである。そういう心を明け暮れ養えば、脇のものをいためないという思いやりの心が発達してくる。難かしく言えば博愛心、仏教では慈悲心ということになります。それを理窟で聞くばかりでなく、自然にそれを発達させることが必要である。学生時代からそのような心を養っていただきたい。思いやりがあれば喧嘩はしない。喧嘩は自我心を強くして我一人よくしようという心があるから起こる。強きを抑え弱きを助ける心を植物から養いたいと思います。倫理道徳というようなやはり理窟よりも、情からはいった方がよいと思う。植物の知識を学ぶ際には、右私の言ったようなことを知らず知らずの間に養うようにしたいものです。

自然が教えてくれたこと

私はこういうことがあります。植物を採集してくるといろいろの虫がそれに附いてくる。それを腊葉《さくよう》にする時に一匹の蟻でもみな追い払わぬと、その虫を殺すということはできないようになってきた。小さい虫がくっついているのを椽側《えんがわ》の外に捨てる。殺しはしない。そんな時に私はよく蟻のことを思う。この蟻は何里も離れてここへ来て放たれるが、この先どうなるかと思う。他の蟻の社会の中へ入っていけばどういうように排斥されるだろうかと心配する。こういう心を養ったのは難かしい書物によらず、自然を愛するということからいためてはいけないという結果、ひとりでにそうなった。何十年もの間植物を愛した結果から自然に養われたのです。私は自分の経験からこの草花植物をみなさんにどうか愛してくださるようにお願いする。専門家になれというのではない。植物を憎むことは少しもないという証拠にはどんな家でも植物が庭に植えてある。どんな人でも植物は好きだろうと思う。植物はどんな人にでも愛せられる素質を持っているわけです。これを愛好することは費用が多く要るというわけでもない。情操教育上からも植物を愛するようにお奨めします。動物を採集すると殺さねばならぬが、私はあの苦痛を察してやると到底殺す気にはなれない。植物は動物と違って愛好するに都合のよいものであるからあなた方にもそれをお願いするのです。

自然に植物が好きだった

予は生まれて何に感じたでもなく、また親よりの遺伝でもなく、自然に草木が好きであった。野や山に種々の草木を閲《けみ》するうちに、これらの草木を栽え付けたる一つの植物園ができた。年を経るにしたがいて先祖代々よりの財産もこの園の経営のために入れあげてしまい、家も倉も人手に渡し、身はきのうまでの旦那様にひきかえて着のみ着のままの素寒貧になってもいっこうにそんなことに頓着なく、また世人の嘲笑をもあまんじて、ひたすらこの植物園の経営につくした。このごとくするうちに日に月にその栽えたる草木の数が殖えてきたがその間、幸いに一度も荒廃に帰せしことはなかった。しかしこれを維持しかつ盛大ならしむるについて、種々惨憺たることには出会ったが、天は幸いに園主の微衷を憐れんでくれたものかその際には幸いに義侠な人々があって、その困難を救ってくれたことがあり、またその盛大になるべき経営をたすけてくれた人があって、幸いに今日までこの園を維持し来たり、今日ではまず既に幾千の植物の栽え付けを終わった。

5

『牧野富太郎自叙伝』より選り抜き

われら人間はまずわが生命を全うするのが社会に生存する第一義で、
すなわち生命あってこそ人間に生まれ来し意義を全うし得るのである。

わたしがうまれたとき

佐平と久寿の間にたった一人の子として私は生れた。私が四才の時、父は病死し、続いて三年後には母も亦病死した。両親共に三十代の若さで他界したのである。私は未だ余り幼なかったので父の顔も、母の顔も記憶にない。私はこのように両親に早く別れたので親の味というものを知らない。育てて呉れたのは祖母で、牧野家の一人息子として、とても大切に育てたものらしい。小さい時は体は弱く、時々病気をしたので注意をして養育された。祖母は私の胸に骨が出ているといって随分心配したらしい。酒屋を継ぐ一人子として大切な私だったのである。

祖母がわたしを育てた

生れた直後、乳母を雇い、その乳母が私を守した。この女は隣村の越知《おち》村からきた。その乳母の背に負さって乳母の家に行ったことがあった。その時乳母の家の藁葺家根が見えた時のことをおぼろげに記憶している。これが私の記憶している第一のものである。その後乳母に暇をやり、祖母が専ら私を育てたのである。

酒屋は主人が亡くなったので、祖母が代って采配を振って家の面倒を見ていた。旧い家であるので、自然に家の定りがついていて、家が乱れず商売を続けていた。家には番頭、――この男は佐枝竹蔵といった――が居てよく家の為に尽していた。この男は香美郡の久枝村から奉公にきた人である。これがなかなかのしっかり者であり、後に独立して酒屋を営んでいた。こういう偉い番頭がいたので主人亡き後も、よく商売が繁昌していた。

その頃のことでよく憶えていることは、私はよく酒男に押えつけられて灸をすえられたことである。それが病身の私を強くしたとも思う。

月俸十五円の大学助手になる

大学へ奉職するようになった頃には、家の財産も殆ど失くなり、家庭には子供も殖えてきたので、暮しは却々楽ではなかった。私は元来鷹揚に育ってきたので、十五円の月給だけで暮すことは容易な事ではなく、止むなく借金をしたりした。借金もやがて二千円余りも出来、暮しが面倒になってきた。

『大日本植物志』出版が人生の仕事

その時、法科の教授をしていた同郷の土方寧君は、私を時の大学総長・浜尾新先生に紹介して呉れ、私の窮状を伝え助力方を願った。浜尾先生は大学に助手は大勢居るのだから牧野だけ給料をあげてやるわけにはいかんが、何か別の仕事を与え、特別に給料を出すようにしようといわれ、大学から『大日本植物志』が出版される事になり、私がこれを担当する事になった。費用は大学紀要の一部より支出された。私は浜尾先生のこの好意に感激し、私は『大日本植物志』こそ、私の終生の仕事として、これに魂を打込んでやろうと決心し、もうこれ以上のものは出来ないという程のものを出そう。日本人はこれ位の仕事が出来るのだということを、世界に向って誇り得るような立派なものを出そうと意気込んでいた。

『大日本植物志』こそ私に与えられた一大事業であったのである。

妻が力をくれた

その間、私の妻は私のような働きのない主人にも愛想をつかさず貧乏学者に嫁いできたのを因果だと思ってあきらめてか、嫁に来たての若い頃から芝居も見たいとも言わず、流行の帯一本欲しいと言わず、女らしい要求一切を放って、陰になり陽になって絶えず自分の力となって尽して呉れた。この苦境にあって、十三人もの子供にひもじい思いをさせないで、兎に角学者の子として育て上げることは全く並大抵の苦労ではなかったろうと、今でも思い出す度に可哀そうな気がする。

苦境のなかで仕事をした

こうして過ぎゆく中にも松村教授との睽離のことがあって、私の月給は却々上げてもらえなかった。箕作学長は私に「君の給料も上げてやりたいが、松村君を差置いてはできない」といわれた。

この苦境の中にあって私は決して負けまいと決心し、他日の活躍に備え潜勢力を貯えるのがよいと考え、論文をどしどし発表した。併し金銭の苦労はともすれば、研究を妨げ、流石に無頓着な私も明日は愈々家の荷物が全部競売にされるという前の晩などは、頭の中が混乱してじっと本を読んでもいられなかった。この苦しい時に、私は歯をくいしばりながら一心に勉強し、千頁以上の論文を書きつづけた。この論文が後に私の学位論文となったものである。

妻が永眠する

昭和三年二月二十三日、五十五才で妻寿衛《すえ》子は永眠した。病原不明の死だった。病原不明では治療のしようもなかった。世間には他にも同じ病の人もあることと思い、その患部を大学へ差上げるからそれを研究して呉れと大学へ贈った。

妻が重態の時、仙台からもってきた笹に新種があったので、私はこれに『すえこざさ』と命名し、『ササ・スエコヤナ』なる学名を附して発表し、その名は永久に残ることとなった。この笹は他の笹とはかなり異るものである。私は『すえこざさ』を妻の墓に植えてやろうと思い、庭に移植して置いたが、それが今ではよく繁茂している。

亡き妻の思い出

私が今は亡き妻の寿衛子と結婚したのは、明治二十三年ごろ——私がまだ二十七、八歳の青年のころでした。寿衛子の父は彦根藩主井伊家の臣で小沢一政という陸軍の営繕部に勤務していた。東京飯田町の皇典講究所に後ちになった処が其邸宅で、表は飯田町通り裏はお壕の土堤で其広い間をブッ通して占めていた。母は京都出身の者で寿衛子は其末の娘であった。寿衛子の娘のころは有福であったため踊りを習ったり、唄のお稽古をしたり、非常に派手な生活をしていたが、父が亡くなった後、其邸宅も売り其財産も失くしたので、其未亡人は数人の子供を引き連れて活計の為め飯田町で小さな菓子屋を営んでいたのです。青年のころ私は本郷の大学へ行くときその店の前を始終通りながら其娘を見染め、そこで人を介して遂に嫁に貰ったわけです。仲人は石版印刷屋の親爺——というと可笑しく聞えるけれど、私は当時大学で研究してはいたが何も大学へ就職しようとは思っていず、一年か二年此の東京の大学で勉強したらすぐ復た土佐へ帰って独力で植物の研究に従事しようと思って居り、自分で植物図譜を作る必要上この印刷屋で石版刷の稽古をしていた時だったので、これを幸いと早速そこの主人に仲人をたのんだのです。まあ恋女房という格ですネ。

当時私は麹町三番町にあった同郷出身の若藤宗則という人の家の二階を間借していたのだが、こうして恋女房を得たのだから早速そこを引き揚げて根岸の御院殿跡にあった村岡という人の離れ屋を借り、ここで夫婦差し向いの愛の巣を営んだ。そうして私にはまだ多少の財産が残っていたので始終大学へ行って植物の研究をしていたが、翌二十四年ごろからはその若干の私の財産も残り少なになってしまったのです。そこで二十四年から二十五年にかけて家政整理の為めに一たん帰郷したが、私が土佐へ帰っている間に、当時の東大植物学教授の矢田部良吉博士が突然非職になり、間もなく大学から私のもとへ手紙が来て君を大学へ入れるから来いと言って来たのです。しかし私は只今家政整理中ゆえ、それが終り次第上京するからと返事しておいたが、翌二十六年一月に長女の園子が東京で病死したので急遽上京し、そのついでに大学に聴き合せたところ君の位置はそのままあけてあるから何時でも入れというので、私ははじめて大学の助手を拝命、月給十五円の俸給生活者になった訳です。

ところで私の宅ではそれから殆ど毎年のように次ぎ次ぎと子どもが生れる。月給は十五円でとてもやりきれぬし、そうむやみに他人が金を貸してくれる訳もなく、ついやむなく高利貸から借金をしたが、これが僅か二、三年の間に忽ち二千円を突破してしまったのです。そこで同郷の土方寧博士や田中光顕伯が大変心配して下さって借金整理に当ることになり田中伯の斡旋で三菱の岩崎が乗り出してくれて兎も角二千円の借金を奇麗に払って下さったのです。それから土方博士が当時の浜尾東大総長に私を紹介して呉れ、そこで浜尾総長が非常に心配して下され、総長の好意で私が『大日本植物志』の編纂に従事することになった。つまりただの助手では俸給が決まっていて仲々上るものではないが、こういう特別の仕事をすれば私の収入もふやすことが出来よう、という浜尾総長の御厚意からであったが、この私の大事業に対して当時の植物学の主任教授松村博士がどういう訳かいろいろな妨害をされた。後ち故あって折角の『大日本植物志』も第四集のまま中止することとなったのです。従ってまた私の収入はビタ一文もふえなくなってしまったので、そこで私は生活上止むを得ず、私の苦心して採集した標本の一部を学校へ売ってみたり、書物を書いたりして生活上の赤字はどうしても私の腕で補ってゆかねばならなかったのです。ところが子沢山結局しまいには十三人もの子どもが出来てしまったので私の家の生活が、月給十五円から廿五円（十三人目の子供が出来た時の俸給が廿円から廿五円でした）ぐらいの俸給と、私の痩腕による副収入とではとてもやってゆけるものではなく、また忽ち各方面の借金また借金がふえてその後長いこと私は苦しまねばならなかったのです。

その時丁度天の使のように私の眼の前に現れて来て下さったのが、当時某新聞社の記者をしていた農学士の渡辺忠吾君――一時京都の農学校の校長をしていて今は確か帝国農会の理事か何かしているはずです――でした。この渡辺君が非常に私に同情してくれて「こんな窮状にあることは思い切って世の中へ発表した方がいいでしょう。きっと何かお役にたつこともあるかも知れないから」と極力すすめ、かつは私を激励してくれたので、私もとうとうこの時はじめてわが生活の内容を世間に発表してしまったのです。すると早速私を救済しよう、という人が二人出て来ました。一人は久原房之助氏、他の一人はまだ京大の学生であって、後の実業家池長孟氏であった。

そこで渡辺君の勤め先の新聞社の斡旋で結局池長さんが私の負債を払ってくれることになり、これを綺麗に清算してくれた上で神戸に池長植物研究所をつくられたのです。それのみならず当時池長さんは月々若干の生活の補助を私にして下さったのであり、私にとって終生忘れることの出来ない恩人になっています。畢竟右の池長植物研究所の名も実は牧野植物研究所とすべきであったが、私は池長氏に感謝の実意を捧ぐる為めに其研究所に池長の姓を冠したのでした。

さて私はここで話を最初にもどして、死んだ家内の話を申し上げて見たい、何故ならば私が終生植物の研究に身を委ねることの出来たのは何といっても、亡妻寿衛子のお蔭が多分にあり、彼女のこの大きな激励と内助がなかったら、私は困難な生活の上で行き詰って仕舞ったか、或は止むを得ず商売換えでもしていたかも知れませんが、今日思い返して見てもよくもあんな貧乏生活の中で専ら植物にのみ熱中して研究が出来たものだと、われながら不思議になることがあります。それほど妻は私に尽してくれたのです。債権者が来てもきっと妻が何とか口実をつけて追っ払ってくれたのでした。いつだったか寿衛子が何人目かのお産をしてまだ三日目なのにもう起きて遠い路を歩き債権者に断りに行ってくれたことなどは、その後何度思い出しても私はその度に感謝の念で胸がいっぱいになり、涙さへ出て来て困ることがあります。実際そんな時でさえ私は奥の部屋でただ好きな植物の標本いじりをやっていることの出来たのは全く妻の賜であったのです。

寿衛子は平常、私のことを「まるで道楽息子を一人抱えているようだ」とよく冗談にいっていましたが、それはほんとうに内心そう思っていたのでしょう、何しろ私は上述のような次第でいくら借金が殖えて来ても、植物の研究にばかり毎日夢中になっていて、家計の方面では何時も不如意勝ちで、長年の間妻に一枚の好い着物をつくってやるでなく、芝居のような女の好く娯楽は勿論何一つ与えてやったこともないくらいであったのですが、この間妻はいやな顔一つせず、一言も不平をいわず、自分は古いつぎだらけの着物を着ながら、逆に私たちの面倒を、陰になり日向になって見ていてくれ、貞淑に私に仕えていたのです。

大正の半ばすぎでした。上述のような次第でいろいろ経済上の難局にばかり直面し、幸いその都度、世の中の義侠心に富んだ方々が助けに現れてようやく通りぬけては来たものの、結局私たちは多人数の家族をかかえて生活してゆくには何とかして金を得なければならないと私は決心しました。それも煙草屋とか駄菓子屋のようなものではとても一同がやってゆけそうにないが、一度は本郷の竜岡町へ菓子屋の店を出したこともあった。そこで妻の英断でやり出したのが意外な待合なのです。これは私たちとしては随分思い切ったことであり、私が世間へ公表するのはこれが初めてですが、妻ははじめたった三円の資金しかなかったに拘わらずこれでもって渋谷の荒木山に小さな一軒の家を借り、実家の別姓をとって〝いまむら〟という待合を初めたのです。私たちとは固より別居ですが、これがうまく流行って土地で二流ぐらいまでのところまで行き、これでしばらく生活の方もややホッとして来たのですが、矢張り素人のこととてこれも長くは続かず、終りにはとうとう悪いお客がついたため貸倒れになって遂に店を閉じてしまいましたが、このころ、私たちの周囲のものは無論次第にこれを嗅ぎ知ったので「大学の先生のくせに待合をやるとは怪しからん」などと私はさんざん大学方面で悪口をいわれたものでした。しかし私たちには全く疚しい気持はなかった。**金に困ったことのない人たちは直ぐにもそんなことをいって他人の行動に**

ケチをつけたがるが、私たちは何としてでも金を得て行かなければ生活がやってゆけなく全く生命の問題であったのです。しかもこの場合は妻が独力で私たちの生活のために待合を営業したのであって、私たち家族とはむろん別居しているのであり、大学その他へこの点で、何等迷惑をかけたことは毫もなかったといってよいのです。それゆえに時の五島学長も其辺能く了解し且同情して居て下されたのです。

こうしてとに角一時待合までやって漸く凌いで来たのち、妻は私に目下私たちの住んでいるこの東大泉の家をつくる計画を立ててくれたのです。妻の意見では都会などでは火事が多いから、折角私の苦心の採集になる植物の標本などもいつ一片の灰となってしまうか判らない。どうしても絶対に火事の危険性のない処というのでこの東大泉の田舎の雑木林のまん中に小さな一軒家を建ててわれわれの永遠の棲家としたのです。そうしてゆくゆくの将来は、きっとこの家の標本館を中心に東大泉に一つの植物園を拵えて見せよう、というのが妻の理想で私も大いに張り切り、いよいよ植物の採集にも熱中したのですが、これもとうとう妻の果敢ない夢となってしまいました。この家が出来て喜ぶ間もなく、即ち昭和三年に妻はとうとう病気で大学の青山外科で歿くなってしまったからです。享年五十五でした。妻の墓はいま下谷谷中の天王寺墓地にあり、その墓碑の表面には私の咏んだ句が二つ亡妻への長しなえの感謝として深く深く刻んであります。

家守りし妻の恵みやわが学び
世の中のあらん限りやスエコ笹

この〝スエコ笹〟は当時竹の研究に凝っており、ちょうど仙台で笹の新種を発見してそれを持って来ていた際なので早速亡妻寿衛子の名をこの笹に命名して永の記念としたのでした。この笹はいまだに我が東大泉の家の庭にありますが、何れ天王寺の墓碑の傍に移植しようと思っています。

終りに臨んで私は私の約半世紀も勤め上げた大学側からは、終始いろいろの堪えられぬような学問的圧迫でいじめられ通しでやって来ました。しかし今日私の心境はむしろ淡々としていてこんなつまらぬことは問題にしていません。由来学者とはいうものの、案に相違した偏狭な、そして嫉妬深い人物が現実には往々にしてあることは、遺憾ながらやむを得ません。しかし私は大学ではうんと圧迫された代りに、非常に幸運なことには世の中の既知、未知の方々から却って非常なる同情を寄せられたことです。

　私は幸い七十八歳の今日でも健康には頗る恵まれていますから、これからの余生をただひたすら我が植物学の研究に委ねて、少しでもわが植物学界のために貢献出来れば、と念じているばかりです。

父と母が病死した

　小学校は上等・下等の二つに分たれ、上等が八級、下等が八級あって、つまり十六級あった。試験によって上に進級し、臨時試験を受けて早く進むこともできた。私は明治九年頃、せっかく下等の一級まで進んだが、嫌になって退校してしまった。嫌になった理由は今判らないが、家が酒屋であったから小学校に行って学問をし、それで

身を立てることなどは一向に考えていなかった。

小学校のころから植物が好きだった

小学校を退いてからは本を読んだりして暮らしていたらしいが、別に憶えていない。私はその前から植物が好きで、わが家の裏手にある産土《うぶすな》神社のある山に登ってよく植物を採ったり、見たりしていたことを憶えている。こういう風に悠々遊んでいたわけだが、明治十年頃、ちょうど西南の役の頃だったたか、私のいた小学校の先生になってくれといってきた。その頃は学校の先生といえば名誉に思われていたので私は先生になり、毎日出勤して生徒を教えた。校舎は以前の名教館であった。役名は授業生というので、給料は月三円くれた。それで二年ばかりそこの先生をしていた。

本好きになった

明治十三年頃、佐川に西村尚貞という医者がいて、私はよくその家に遊びに行ったものだが、医者なので色々のことを知っていた。この医者の家に小野蘭山の『本草綱目啓蒙』の写本が数冊あって色々の植物が載っていた。私はそれを借りて写したが、余り手数がかかるし、欠本もあるかもしれんのでこの本が買いたくなった。それで洋品屋に頼んで大阪なり、東京なりから取寄せて貰うことにした。間もなくこの本がきたが、それについて、今でも想い出すことがある。

その時分私はよく友人と裏山に行って遊んでいたが、ある時、山で遊んでいると、私の親友だった堀見克礼《かつひろ》という男が駈けつけて「重訂啓蒙という本がきたぞ」と知らせてくれた。私は慌てて山を駈下り頼んだ人の店へ駈けつけた。それが小野蘭山の『重訂本草綱目啓蒙』であった。

それ以来、私は明暮《あけくれ》この本をひっくり返して見ては色々の植物の名を憶えた。当時は実際の知識はあるが、名を知らなかったので、この本について多くの植物の名を知ることができた。

産土神社の山は頂上を長宗寺越えというが、その山を越えて下る坂道で、ちょうど秋の頃だったが、「もみじばからすうり」を採りたくて行った時、丈の高い菊科のもので白い花を付けている植物があった。名は無論知らなかった。その後『本草綱目啓蒙』を見ていたら、東風菜という個所に「しらやまぎく」というのが載っており、山で見たものと酷似しているので、翌日再び山に登り、本と実物とを引合せたところ、やはり「しらやまぎく」であった。私はその時はじめてこの草の名を憶えた。

私はその頃盛んに山に草採りに行ったが、かす谷という所で面白い繖形《さんけい》科の植物が水際にあるのを見付けて零余子《むかご》が茎へ出ていたので、それを採って帰り「むかごにんじん」であることを知った。また町の外から水草を採ってき、家の鉢に浮して置いたが、その草の名を知りたいと思っていると家の下女が「びるむしろ」だといった。私は『救荒本草』という本を高知で買って持っていたが、その中に似た草があったことを想い出し、調べた結果、この草は眼子菜、「ひるむしろ」であることをはじめて知った。また町の近所で上に小さな丸い実のある妙な草があったので、『本草綱目啓蒙』で調べたところ、それは「ふたりしずか」であった。このように自分の実際の知識と書物とで、名を憶えることに専念した。

前に述べた親友の堀見は私より年少の男で、父君は医者だったが、私は堀見の家で『植学啓原』という本を見た。この本は三冊あり、宇田川榕庵のつくった和蘭《オランダ》の本の訳本で、西洋の植物学を解説したものであったが、この本について植物学を勉強した。リンネの人工分類（自然分類でない）を習い、植物学の種々なる術語をこの本についで会得した。この本は漢文で書いてあったので、自分で仮名混りに翻訳した。

この時分には植物の本に限らず、他の本も色々買っては読んだものである。

こうするうちに、もっと書籍が買いたくなり、また顕微鏡というものが欲しくなったりしたので、東京へ旅行することを思い立った。ちょうどその頃東京では勧業博覧会が開催されていたので、その見物という意味もあった。明治十四年の四月に佐川を出発して東京への旅に上った。

当時東京へ行くことは外国へ行くようなものだったので盛んな送別を受けた。同行者は以前家の番頭だった佐枝竹蔵の息子の佐枝熊吉と、旅行の会計係に一人実直な男を頼んで三人で佐川の町を出発した。佐川から高知へ出て、高知から海路神戸に行った。生まれてはじめて、汽船というものに乗った。

自由党から脱退

当時は自由党が盛んで、「自由は土佐の山間から出る」とまでいわれ、土佐の人々は大いに気勢を挙げていた。本尊は板垣退助で、土佐一国は自由党の国であった。従って私の郷里も全村こぞって自由党員であり、私も熱心な自由党の一員であった。当時は私も政治に関する書物を随分読んだものだ。殊に英国のスペンサアの本などは愛読した。人間は自由で、平等の権利を持つべきであるという主張の下に、日本の政府も自由を尊重する政府でなければいかん。圧制を行う政府は、打倒せねばならんというわけで、そこの村、ここの村で盛んに自由党の懇親会をやり大いに気勢を挙げた。

私も、よくこの会に出席した。併《しか》し後に私は何も政治で身を立てるわけではないから、学問に専心し国に報ずるのが私の使命であると考え、自由党から退く事になった。自由党の人々も私の考えを諒とし脱退を許してくれた。

自由党を脱退した事につき想い出すのは、この脱退が芝居がかりで行われたことである。隣村に越知村という村があり、仁淀《によど》川という川が流れていて、その河原が美しく、広々としていたが、この河原で自由党の大懇親会が開かれた事があった。私は党を脱退するにつき、気勢を挙げねばいかんと思い、紺屋《こうや》に頼んで旗を作り、魑魅《ちみ》魍魎《もうりょう》が火に焼かれて逃げて行く絵を書いてもらった。佐川の我々の仲間は、この奇抜な旗を巻いて大懇親会に臨んだ。我々の仲間は十五、六人程いた。

会場に入ると、各村々の弁士達が入替り立替り、熱弁を揮っていた。その最中、私達はその旗をさっと差出し、脱退の意を表し、大声で歌をうたいながら会場を脱出した。この旗は今でも保存されている筈である。

明治十五年、十六年の二年間は専ら郷里で科学のために演説会を開催したり、近傍に採集に出掛けたり、採集物を標品にしたり、植物の図を画いたりして暮らした。

明治十七年にどうもこんな佐川の山奥にいてはいけんと思い、学問をするために東京へ出る決心をした。そして二人の連《つれ》と共に東京へ出た。

東京へ出て各々下宿へ陣取ることになった。私の下宿は飯田町の山田顕義《あきよし》という政府の高官の屋敷近くで、当時下宿代が月四円であった。

下宿の私の部屋は採集した植物や、新聞紙や、泥などでいつも散らかっていたので、牧野の部屋は狸の巣のようだとよくいわれたものである。

同行の二人は学校へ入学したが、私は学校へは入らずに居るうち、東京の大学へ連れて行ってもらう機会がきた。

東京の大学の植物学教室は当時俗に青長屋といわれていた。植物学教室には、松村任三《じんぞう》・矢田部良吉・大久保三郎の三人の先生がいた。この先生等は四国の山奥からえらく植物に熱心な男が出て来たというわけで、非常に私を歓迎してくれた。私の土佐の植物の話等は、皆に面白く思われたようだ。

それで私には教室の本を見てもよい、植物の標品も見てよろしいというわけで、なかなか厚遇を受けた。私は暇があると植物学教室に行き、お蔭で大分知識を得た。当時、三好学・岡村金太郎・池野成一郎等はまだ学生だったが、私は彼等とは親しく交際した。私は教室の先生達とも親しく行き来し、松村任三・石川千代松さんなどは、私の下宿を訪ねてくれたし、私も松村・大久保両氏と共に矢田部さんの自宅に招かれて御馳走にあずかったこともあった。

東京近郊における採集

その頃、東京近郊の採集は、盛んにやったが、ある時岐阜の学校にいた、三好の同郷の男の森吉太郎という男が、上京して来た折、三好・森・私の三人で平林寺に採集に出掛けたことがあった。その頃は交通は全く不便で、西片町の三好の家から出発し、白子・野火止・膝折を経て平林寺へ出るというコースで、往復十里余も歩いた。

その時平林寺の附近で、四国では見られない「かがりびそう」をはじめて採集したことを憶えている。

三好学と私とは、仲がよかった。三好はどちらかというと、もちもちした人づきの悪い男だった。岡村金太郎は、三好とは反対の性格で気持の極めてさらさらした男だった。三好と岡村とはよく喧嘩をした。岡村が書庫の鍵を失くし三好がそれを教授に言いつけたとかで、えらい喧嘩のあったこともあった。

池野成一郎とも私は大変親しくした。池野は頭の良い男で、フランス語が上手だったが、英語も一寸の間に便所の中か何処かで簡単に憶えてしまった。池野については、別に詳しく述べることにする。

東京の生活が飽きると、私は郷里へ帰り、郷里の生活が退屈になると、また東京へ出るという具合に、私は郷里と東京との間を、大体一年毎に往復した。

市川延次郎（後に田中と改姓）・染谷徳五郎という二人の男が、当時選科の学生で、植物学教室にいたが市川は器用な男で、なかなか通人であり、染谷は筆をもつのが好きな男だった。私はこの両人とは極めて懇意にしていた。市川の家は、千住大橋にあり、酒店だったが、私はよく市川の家に遊びに行った。

『植物学雑誌』の創刊

ある時市川・染谷・私と三人で相談の結果、植物の雑誌を刊行しようということになった。原稿も出来、体裁も出来たので、一応矢田部先生に諒解を求めて置かねばならんと思い、先生にこの旨を伝えた。

その時矢田部先生がいうには、当時既に存在していた東京植物学会には、まだ機関誌がないから、この雑誌を学会の機関誌にしたいということであった。

このようにして、明治二十年私達の作った雑誌が、土台となり、矢田部さんの手がそれに加わり、『植物学雑誌』創刊号が発刊されることとなった。

白井光太朗《みつたろう》君などは、この雑誌が続けばよいと危惧の念を抱いていたようだ。当時この種の学術雑誌としては既に『東洋学芸雑誌』があったが、『植物学雑誌』が発刊されると、間もなく『動物学雑誌』『人類学雑誌』が相継いで刊行されるようになった。

私は思うに、『植物学雑誌』は武士《さむらい》であり、『動物学雑誌』の方は町人であったと思う。というわけは『植物学雑誌』の方は文章も雅文体で、精練されていたが、『動物学雑誌』の方は文章も幼稚ではるかに下手であった。

当時『植物学雑誌』の編集の方法は、編集幹事が一年で交代する制度だった。堀正太郎《しょうたろう》君などは、横書を主張し、堀君の編集した一ヵ年だけは雑誌が横書きになっている。

雑誌は各頁、子持線で囲まれ、きちんとしていて気持がよかった。そのうち、何時の間にかこの囲み線は廃止されたが、私は今でも雑誌は囲み線で囲まれているのがよいと思っている。

小石川の植物園には、中井誠太郎という人が事務の長をしていた。この人は笑い声に特徴があった。現在の植物学教室の教授をしている中井猛之進《たけのしん》君の父君である。

私は盛んに方々に採集旅行をしたが、日光・秩父・武甲山・筑波山等にはよく出かけた。

自分は植物の知識が殖えるにつけ、日本には植物誌がないから、どうしてもこれを作らねばならんと思い、これが実行に取掛った。

植物の図や文章をかくことは別に支障はなかったが、これを版にするについて困難があった。私は当時（明治十九年）東京に住む考えは持っていなかったので、やはり郷里に帰り、土佐で出版する考えであった。郷里で出版するには自身印刷の技術を心得ていなければいけんと思い、一年間神田錦町の小さな石版屋で石版印刷の技術を習得した。石版印刷の機械も一台購入し郷里へ送った。

併しその後出版はやはり東京でやる方が便利なので、郷里でやる計画は止めにした。

この志は明治二十一年十一月になって結実し、『日本植物志図篇』第一巻第一集が出版された。私の考えでは図の方が文章よりも早わかりがすると思ったので、図篇の方を先に出版したわけであった。

この第一集の出版は、私にとって全く苦心の結晶であった。日本の植物誌をはじめて打建てた男は、この牧野であると自負している。

破門草事件

明治十九年頃は大学では植物を研究していたがまだ学名をつける事はせず、ロシアの植物学者マキシモヴィッチ氏へ、標品を送って学名をきめてもらっていた。私も標品をマキシモヴィッチ氏に送っていた。マキシモヴィッチ氏は私に大変厚意を寄せてくれ、本を送って来るにつけても、大学に一部、私に一部という風であった。

その頃、「破門草事件」という事件があった。ことの真相を知っているのは今日では私一人であろう。

それは矢田部良吉教授が戸隠山で採集した「とがくししょうま」の標品を、マキシモヴィッチ氏に送った。ところがマキシモヴィッチ氏は、その植物を研究したところ、新種であったので、これに矢田部さんに因んでヤタベア・ジャポニカという名をつけた。それについても少し材料が欲しいから、標品を送るように手紙が教室にきた。この手紙のことをある時、教室の大久保さんが、その頃よく教室にきた伊藤篤太郎君に話した。大久保さんは、伊藤の性質をよく知っているので、この手紙を見せるが、お前が先に名を付けたりしないという約束をした。ところがその後三ヵ月程経ってイギリスの植物雑誌の『ジョーナル・オブ・ボタニイ』誌上に同じ植物に関し伊藤が報告文を載せ、「とがくししょうま」にランザニア・ジャポニカなる学名を付して公表していた。

これを見て、矢田部・大久保両氏は大変怒り、伊藤篤太郎に対し教室出入を禁じてしまった。この事から、「とがくししょうま」の事が「破門草」と呼ばれたわけである。

私は伊藤君は確かに徳義上よろしくなかったが、同情すべき点もあったと思う。「とがくししょうま」は矢田部氏が採集する前に、既に伊藤がこの植物を知っていて、ポドフィルム・ジャポニクムなる名を付し、それがロシアの雑誌に出ていた。だから彼にして見れば自分が研究した植物に「ヤタベア」などと名をつけられては面白くなかったのだろうと思う。

『日本植物志』に対する松村任三博士の絶讃

『日本植物志』第一巻第一集が出たのは、明治二十一年十一月であったが、当時大学の助教授であった松村任三先生は、私のこの出版を非常に讃め称えてくれ、私のために特に批評の筆をとられ、その中には、「余は今日只今、日本帝国内に、本邦植物図志を著すべき人は、牧野富太郎氏一人あるのみ」の句さえあった。

松村先生は、当時独逸《ドイツ》から帰朝されたばかりで専ら植物解剖学を専攻され、分類学はまだやっておられなかった。

図篇の版下《はんした》は、総て自分で画き、日本橋区呉服橋にあった刷版社で石版印刷にし、神田区神保町にあった敬業社で売らしていた。この図篇は、第二集、第三集と続いて出版された。

露国のマキシモヴィッチ氏はこれに対し非常に中の図が正確であるといって、遥々《はるばる》絶讃の辞を送ってきた。

図篇第六集が出版されたのが、明治二十三年であったが、この年私には、思いもよらぬ事が起った。というのは大学の矢田部良吉教授が、一日私に宣告して言うには、「自分もお前とは別に、日本植物志を出版しようと思うから、今後お前には教室の書物も標品も見せる事は断る」というのである。私は甚だ困惑して、呆然としてしまった。私は麹町富士見町の矢田部先生宅に先生を訪ね、「今日本には植物を研究する人は極めて少数である。その中の一人でも圧迫して、研究を封ずるような事をしては、日本の植物学にとって損失であるから、私に教室の本や標品を見せんという事は撤回してくれ。また先輩は後進を引立てるのが義務ではないか」と懇願したが、矢田部先生は頑として聴かず、「西洋でも、一つの仕事の出来上る迄は、他には見せんのが仕来りだから、自分が仕事をやる間は、お前は教室にきてはいかん」と強く拒絶された。私は大学の職員でもなく、学生でもないので、それ以上自説を固持するわけにはゆかなかったので、悄然と先生宅を辞した。

　当時私は日本ではじめて「むじなも」を発見していたが、その研究を大学でやる事が不可能になったので、困惑していたが、池野成一郎君の厚意で、ともかくも駒場の農科大学の研究室でこの研究を続行する事ができた。私は矢田部教授の処置に痛く失望悲憤し、自分に厚意をもつマキシモヴィッチ氏を遠く露都に訪《と》わんと決心した。ところが、幸か不幸か、突然マキシモヴィッチ氏の急死の報に接し、私の露国行の計画は中止のやむなきに至った。

植物に名前をつける

私はここに矢田部先生のそういう圧迫に抗し、如何なる困難も排除し、『日本植物志』を続刊しようと決心し、自分の採集した新しい植物に学名を附し、記載文を書き、これを誌上に発表してやろうと決心した。池野君もこれに賛成し、色々と助力を与えてくれた。

その頃、わが国では植物に学名を附す事はまだ誰もやっていなかったが、私は『日本植物志』第七集から卒先して植物に学名を附し、記載文を発表しはじめた。この第七集にはじめて学名及び記載文を附して発表した植物は「むかでらん」であった。

第七集は、明治二十四年四月に出たが、続いてどしどし刊行され、同年十月には、第十一集に達した。これらの出版は、私が民間にあってやっていたもので、全くの自費出版であった。第十二集の準備をしている時、郷里から財産整理のため、一応帰国してくれと慫慂《しょうよう》してきたので、私は明治二十四年晩秋に高知へ帰った。

私は帰国に当たり、今度上京したら、矢田部先生と大いに学問上の問題で競争しようと決意した。矢田部先生が、常陸山《ひたちやま》であるならば、私は褌《ふんどし》かつぎであるから、相撲としても申分のない対手だった。

菊池大麓・杉浦重剛両先生の同情

菊池大麓《だいろく》・杉浦重剛《じゅうごう》先生は私の同情者であって、矢田部先生の処置を不当として私に対し、非常な好意を示された。杉浦先生は、国粋主義の『日本新聞』及び『亜細亜』なる雑誌を主宰しておられたが、矢田部を敲《たた》かねばいかんといわれ、『亜細亜』誌上に牧野の『日本植物志』は矢田部のものより前から刊行されており、内容も極めて優れていると書いて、大いに私を引立ててくれた。

高知における西洋音楽の普及運動

郷里へ帰ると、ある日新聞社の記者に誘われて、高知の女子師範にはじめて、西洋音楽の教師として赴任してきた門奈九里という女の先生の唱歌の練習を聴きに行った。高知では、当時西洋音楽というものが、極めて珍しかったのである。

私はこの音楽の練習を聴いていると、拍子のとり方からして間違っていることを感じ、これはいかん、ああいう間違った音楽を、土佐の人に教えられては、土佐に間違った音楽が普及してしまうと思い、校長の村岡某へこの旨を進言した。校長は私の言の如きには全く耳を傾けなかったので、私はその間違いを、技術の上で示そうと思い立ち、高知西洋音楽会なるものを組織した。この会には、男女二、三十人の音楽愛好家が集った。会場は高知の本町にあった満森徳治という弁護士の家であった。そこにはピアノがあった。またオルガンを持込んだり、色々の音楽の譜を集めた。私はこの音楽会の先生になって、軍歌だろうが、小学唱歌集だろうが、中等唱歌集だろうが、大いに歌って気勢を挙げた。ある時は、お寺を借りて音楽大会を催した。ピアノを持出し私がタクトを振って、指揮をした。土佐で西洋音楽会が開かれたのは、これが開《かい》闢《びゃく》以来はじめてであったので、大勢の人が好奇心にかられて参会した。

この間私は高知の延命館という一流の宿屋に陣取っていたので、大分散財した。かくて明治二十五年は高知で音楽のために狂奔しているうちに、夢のように過ぎてしまった。

後に上京した折、東京の音楽学校の校長をしていた村岡範《はん》為《い》馳《ち》氏や、同校の有力者に運動して、優秀な音楽教師を土佐に送るよう懇請した結果、門奈さんは高知を去ることになった。

松村任三博士が怒る

その頃から松村任三先生は次第に私に好意を示されなくなった。その原因は、私が植物学雑誌に植物名を屡々《しばしば》発表していたが、松村先生の『日本植物名彙』の植物名と牴触し、私が松村先生の植物名を訂正するようなことがあったりしたので、松村先生は、私に雑誌に余り書いてはいかんといわれた。またある人の助言で松村先生も対抗的に、植物学雑誌に琉球の植物のことなど盛んに書かれたりした。このように松村先生は、学問上からも、感情上からも、私に圧迫を加えるようになった。

『大日本植物志』は余り大きすぎて持運びが不便だとか、文章が牛の小便のように長たらしいから、縮めねばいかんとかいわれた。そのうち、松村先生は『大日本植物志』を牧野以外の者にも書かすといい出した。私は『大日本植物志』は元来私一人のために出来たものなので、総長に相談したところ、それは牧野一人の仕事だといわれたので、松村先生の言を聴かなかった。『大日本植物志』は第四集迄出たが、四囲の情勢が極めて面白くなくなったので、中絶するの止むなきに至った。

教室の人々の態度は、極めて冷淡なもので『大日本植物志』の中絶を秘かに喜んでいる風にさえ見えた。

『大日本植物志』の如く、綿密な図を画いたものは、斯界《しかい》にも少ないから、日本の学界の光を世界に示すものになったと思っている。あの位の仕事は、なかなか出来る人は少ないと自負している。今では、私ももう余りに年老いて、もう再び同様のものを打建る気力はないが『大日本植物志』こそ私の腕の記念碑であると私は考え、自ら慰めている次第である。

執達吏の差押、家主の追立

大学の助手時代初給十五円を得ていたが、何せ、如何《いか》に物価が安い時代とはいえ、一家の食費にも足りない有様だった。月給の上らないのに引換え、子供は次々に生れ、十三人も出来た。財産は費いはたし一文の貯えもない状態だったので、食うために仕方なく借金もしなくてはならず、毎月そちこちと借りるうちに、利子はかさんでくる。そのうちに執達吏に見舞われ、私の神聖なる研究室を蹂躙《じゅうりん》されたことも一度や二度ではなかった。積上げた夥《おびただ》しい標品、書籍の間に坐して茫然として彼等の所業を見守るばかりであった。一度などは、遂に家財道具が競売に付されてしまい、翌日知人の間で工面した金で、やっと取戻したこともあった。

家賃も滞りがちで、立退きを命ぜられ、引越しを余儀なくされたことも屡々《しばしば》であった。何しろ親子十五人の大家族だから、二間《ま》や三間の小さな家に住むわけにもゆかず、その上、標品を蔵《しま》うに少なくとも八畳二間が必要ときているので、なかなか適当な家が見つからず、その度《たび》に困惑して探し歩いた。

こうした生活の窮状を救い、一方は学問に貢献しようとして『新撰日本植物図説』を刊行した。

然しこの書籍も私の生活を救うことにはならなかった。

世界的発見の数々

昔、徳川時代の学者は木曾や日光に植物採集に出掛け随分苦心したというが、私の採集旅行の足跡に比べたら物の数ではないと思う。

私は胴籃を下げ、根掘りを握って日本国中の山谷を歩き廻って採集した。しかもそれは昔の人とは比べものにならない程頻繁で且つ綿密なものであった。なるべく立派な標品を作ろうと、一つの種類も沢山採取塑定し、標品に仕上げた。この標品の製作には、私は殆んど人の手を借りたことはなかった。こうした努力の結晶は今日、何十万の標品となって、私のハァバリウムに積まれている。

私はこれらの標品を日本の学問のために一般に陳列し、多くの人々の参考に供したいと、つねづね考えているが、資力がないために出来ず、塵に埋らせて置くを残念に思っている。

私はこうして実地に植物を観察し、採集しているうちに随分と新しい植物も発見した。その数ざっと千五、六百にも達するであろうか。また属名・種名を正したり、学名を冠したりした。そのため、私の名は少しく世に知られてきた。

第一の受難

私の長い学究生活は、いわば受難の連続で、断えず悪戦苦闘をしながら今日に来たのであるが、まずこれを前後二つの大きい受難としてみることが出来る。

私は土佐の出身で、学歴をいえば小学校を中途までしか修めないのであるが、小さい時から自然に植物が好きで、田舎ながらも独学でこの方面の研究は熱心に続けていたのである。

それで明治十七年に東京へ出ると、早速知人の紹介で、大学の教室へ行ってみた。当時の教授は矢田部良吉氏で、松村任三氏はその下で助手であった。それで矢田部氏などに会ったが、何でも土佐から植物に大変熱心な人が来たというので、皆で歓迎してくれて、教室の本や標品を自由に見ることを許された。それから私は始終教室へ出かけて行っては、ひたすら植物の研究に没頭した。

その当時、日本にはまだ植物志というものが無かったので、一つこの植物志を作ってやろう——そういうのが私の素志であり目的であった。もと私の家は酒屋で、多少の財産もあり、両親には早く別れ兄弟は一人もないので、私がその家をついだので、財産は自由になるからその金で私は東京へ出たのである。で、植物志を出版するには土佐へ帰ってゆっくりやろうという考えであった。しかし植物志を作るには図を入れなければならぬが、その当時土佐には石版の印刷所がない。そこで一年間石版屋へはいって、石版印刷の稽古をしたのであった。それに自分でいうのも変だが、私は別に図を描く事を習ったわけではないが、生来絵心があって、自分で写生なども出来る。そこで特に画家を雇うて描かせる必要もないので、まずどうにか独力でやってゆけると考えたのである。

ところが、そのうちに郷里へ帰ることが段々厭になって一つ東京でこれを出版してやろうという気になり、いよいよ著述にかかった。もっとも当時は植物学が今のように発展せぬ時代だから、そんな物を出版したところで売れはしない。で出版を引受ける書店のあろう筈もないので、自費でやることを決心し、取敢えず『日本植物志図篇』という図解を主にしたものを出版した。勿論薄っぺらなものではあったが、連続して六冊まで出した。大学の教室へ行って、そこの書物や標品を参考にしていたことはいうまでもない。

しかるにこの時になって、矢田部博士の心が変わって来た。ある日、博士は私に対《むか》って「実は今度自分でこれこれの出版をすることになったから、以後、学校の標品や書物を見ることは遠慮してもらいたい」

こういう宣告を下された。大学からみれば、私は単なる外来者であるから、教授からこういわれてみれば、どうしようもないが私は憤慨にたえないので、矢田部博士の富士見町の私宅を訪ねて、

「今、日本には植物学者が大変少ない。だから植物学に志す者には、出来るだけ便宜を与えるのがわが学界のためである。且《か》つ先輩としては後進を引立てて下さるのが道

であろうと思う。どうか私の志を諒として、今までのように教室への出入りを許していただきたい」

そういって、大いに博士を説いてみたが、博士は肯《うべな》ってはくれなかった。

私が思い切ってロシアへ行こうと決心したのは、その時である。ロシアにはマキシモヴィッチという学者がいて、明治初年に函館に長くおったのであるが、この人が日本の植物を研究してその著述も大部分進んでいるという事であった。私はこれまでよくこの人に標品を送って、種々名称など教えて貰っていたが、私の送る標品には大変珍しいものがあるというので、大いに歓迎してくれ、先方からは同氏の著書などを送ってよこしたりしていた。この時分には私もかなり標品を集めていたからこれを全部持って、このマキシモヴィッチの許《もと》へ行き大いに同氏を助けてやろうと考えたのである。しかし、この橋渡しをしてくれる人がないので、私は駿河台のニコライ会堂へ行って、そこの教主に事情を話してたのんだ。すると、よろしいと快諾してくれ、早速手紙をやってくれた。

しばらくすると、返事が来たが、それによると、私からの依頼が行った時、マキシモヴィッチは流行性感冒に侵されて病床にあった。私の行く事を大変喜んでいたが、不幸にして間もなく死んでしまったということで、奥さんか娘さんかからの返事だったのである。それで私のロシア行きも立消えとなってしまった。

博士と一介書生との取組

こんな訳で、私は独立して研究を進めるにしても、顕微鏡などの用意はないし、参考書は不自由だし、全く困ってしまった。そこで止むなく農科大学の教室へ行って、図などをそこで描かせてもらっていた。日本ではじめて私の発見した食虫珍草ムジナモの写生図はそこで描いたものである。

しかし、考えてみると、大学の矢田部教授と対抗して、大いに踏ん張って行くということは、いわば横綱と褌担ぎとの取組《とりくみ》みたようなもので、私にとっては名誉といわねばならぬ。先方は帝国大学教授理学博士矢田部良吉という歴とした人物であるが、私は無官の一書生に過ぎない。海南土佐の一男子として大いにわが意気を見すべしと、そこでは私は大いに奮発して、ドシドシこの出版をつづける事にし、今迄隔月位に出していたのを毎月出すことにした。

植物には世界に通用する学名《サイエンチフィック・ネーム》というものがあるが、その時分にはまだ日本では新種の植物に新たにこの学名をつける日本の学者は殆どなかった。そこで第七冊からは私は新たにこの学名をつけはじめ、欧文で解説を加え、面目を新たにして出すことになった。その時、親友の池野成一郎博士はいろいろ親切に私の面倒を見てくれた。

その時、今は故人となられた杉浦重剛先生に御目にかかってこの矢田部氏の一件を話すと、先生も非常に同情して下すって、

「それは矢田部君が悪い。そんな事をするなら、一つ『日本新聞』にでも書いて、懲らしてやるがよい」

『日本新聞』といえば、当時なかなか勢力のあったもので、それに先生の知人がいる

ということであった。それからやはり先生が関係しておられたのであろう『亜細亜』という雑誌で、矢田部の著書より私の方が日本の植物志として先鞭をつけたものであるというような事が載った。これも杉浦先生の御指図であったそうである。

またある時、矢田部氏の同僚である菊池大麓博士にこの事を話したところ、

「それは矢田部が怪《け》しからぬことだ」

と、私に大変同情して下すったこともある。こうした苦難の間にも、私はとにかく矢田部氏に対抗しつつ、出版を続けて十一冊まで出した。ところが、この頃になって、郷里の家の財産が少しく怪しくなって来た。私はこれまでの生活費だとか、書籍費だとか、植物採集の旅行費だとか、また出版費だとか、すべて郷里からドシドシ取寄せては費っていたので、無論そういつまでも続く筈はなかったのである。それで郷里からは一度帰って整理をしてくれといって来るので、やむなく私は二十四年の暮に郷里へ帰った。

整理をすませたら、また出て来て今度は大いに矢田部氏に対抗してやる考えであった。ところが、私が郷里へ帰ったあとで、矢田部氏は急に大学を罷職になってしまっ

た。もとより私との喧嘩が原因したわけでなく、他に大いなる原因があったのであるが、とにかく当面の敵が大学を退いてみると、また多少の感慨がないこともなかった。これでまず第一の受難は終ったわけだ。

浜尾総長の深慮

次に来た受難こそ、私にとって深刻を極めたものであった、その深手を負ったその時の瘡痍《そうい》がまだ今日まで残っているものがある。

矢田部氏の後をついで大学の教授になったのは松村任三氏であるが、私は菊池大麓先生の推挙によってこの松村氏の下で、明治二十六年に助手としてはじめて大学の職員につらなることになった。丁度郷里の財産が無くなってしまった時に、折よく給料を貰うことになったので、大変都合がよかったかに思われるが、実はその時の給料がたった十五円で、私のこの後の大厄もこの時に已《すで》に兆《きざ》しているのである。

「芸が身を助ける程の不仕合せ」ということがあるが、道楽でやっていた私の植物研究はここに至って唯一の生活手段となったのである。が、何分学歴もない一介書生の身には、大学でもそう優遇してはくれず、といってそれに甘んじなければならぬ私の境遇であった。

ところで、私の家庭はというと、もうその頃には妻もあるし子供も生まれるし、その上私は従来雨風を知らぬ坊ッチャン育ちであまり前後も考えないで鷹揚に財産を使いすてていたのが癖になっていて、今でも友人から「牧野は百円の金を五十円に使った人間だから――」なんて笑われるくらいで、金には全く執着のない方だったから、とても十五円位で生活が支えて行ける筈はなく、たとい極《ごく》つましくやってもとても足りない。勢い借金をせずにはいられなかった。

大学に勤めておれば、またそのうちにはどうにかなるだろうとそれを頼みの綱として、借金をしながら生活したわけであるが、それでとうとう殖えて遂に二千円程の借金が出来てしまった。

その頃の大学の総長は浜尾新氏であった。法科の教授をしていた土方寧氏は、私とは同郷の関係もあり、私の窮状に大層同情して、例の『日本植物志図篇』を持出し、これを浜尾さんに見せて、

「こういう書物を著したりした人だから、もう少し給料を出してやってはどうか」

こういう相談をしてくれた。浜尾さんはその書物を見て、

「これは誠に結構な仕事だ。学界のために喜ぶべきであるが、本人が困っているなら自費でやることは出来なかろうから、むしろ新たに、大学で植物志を出版するように計画したがよかろう」

こういう事で、浜尾さんのお声がかりで『大日本植物志』がいよいよ大学から出版される事になった。そうなれば単なる助手と違って、私は特別の仕事を担当するので、自然給料も多く出せるから、一面は学界のためにもなり、他面には本人の窮状を救うことにもなるという浜尾さんの親切からであった。

ところで、そうなると一方私の借金の整理もしておかねばならぬというので、これも同じ郷里出身の田中光顕伯や、それに今の土方君、今は疾《と》く故人となった友人矢野

勢吾郎君などが奔走して下すって、やはり土佐から出た三菱へ話をして、ともかく三菱の本家岩崎氏の助けで、ひとまず私の借金は片づいたわけであった。

そこで肩が軽くなったので、これからうんと力を入れて、世界の何処へ出しても恥しくない様な素晴しい書物を出そうという意気込みで編纂に掛った。そしてようやく第一冊を出した。ところが、端《はし》なくもここにまた私の上に大きい圧迫の手が下ることになった。

圧迫の手が下る

その前から『植物学雑誌』というのがあって、これははじめ私共がこしらえて今でも続いているが、その雑誌へ私は日本植物の研究の結果を続々発表していた。これがどうも松村教授の気に入らなかったと見える。なおお話せねばならぬことは、私が専門にしているのは分類学なので、松村氏の専門も矢張り分類学で、つまり同じような事を研究していたのである。それを私は誰《だ》れ憚《はばか》らずドシドシ雑誌に発表したので、どうも松村氏は面白くない、つまり嫉妬であろう。ある時、「君はあの雑誌へ盛んに出すようだが、もう少し自重して出さぬようにしたらどうだ」

松村氏からこういわれたことがある。しかし私は大学の職員として松村氏の下にこそおれ、別に教授を受けた師弟の関係があるわけではないし、氏に気兼ねをする必要も感じなかったばかりでなく、情実で学問の進歩を抑える理窟はないと、私は相変らず盛んにわが研究の結果を発表しておった。それが非常に松村氏の忌諱《きき》にふれた、松村氏は元来好い人ではあるが、どうも少し狭量な点があって、これを大変に怒ってしまった。他にもなお松村氏から話し出された縁組の事が成就しなかったのでそれでも大分感情を害した事などあり、それ以来、どうも松村氏は私に対して絶えず敵意を示されるようなことになった。事毎に私を圧迫する。人に対して私の悪口をさえいわれるという風で、私は実に困った。これが十年、二十年、三十年と続いたのだから、私の苦難は一通りではなかった。

何よりも私の困ったのは、給料のあげて貰えぬ事であった。浜尾さんの親切で、せっかく仕事が与えられ、従って給料もあげてもらう筈であったが、当の松村教授がこんな訳で前にも記した『大日本植物志』の第一冊が出版せられても一向に給料をあげてくれない。

前に述べたように一度借金の整理はしていただいたけれども、給料があがらぬ以上依然として生活に困るのは当然である。僅か十五円偶《たま》にあがれば二十円で子供が五人六人となる私共では到底生活は出来ない。そのうちには、また子供が生まれるとか、病気に罹《かか》るとか、死ぬとか、妻が入院するとか、失費は重なる。子供が多ければ、自然家も大きいのが必要になる。それに私は非常に沢山の植物標品を有《も》っていて、これがために余計な室が二つ位もいる。書物が好きでこれもかなり有っている。そんな訳で、不相応に大きな家が必要だった。

「牧野は学校から貰うのは家賃位しか無いのに、ああいう大きな家にいるのは贅沢だ」

そういって攻撃されたりしたが、これも贅沢どころかやむなくそうしていたのだ。

こんな風でまた借金が殖えて来た。金を借りるといっても、各々の仲間にそんな親切な人は少ないから、どうしても高い利子の金を金貸しから借りる。このために私が困ったことは、実に言うに忍びないものがある。

当時の学長は箕作佳吉先生で、松村氏が私へ対する内情をよく知っておられたので、松村氏が私を密かに罷免しようとしても、箕作先生のいる間はその陰謀が達せられなかった。ところが学長が替って、他の科の人がなった時に、この方は私の事をよく知らないので、とうとう松村氏の言を聴いて私を罷職にしてしまった。しかしこれを聞くと、皆が承知しない。

「牧野を罷めさせることはない。そんな事をしては教室が不自由で困る、また教室の秩序も乱れる」

こういって反対をした。それ程私は教室では重宝がられていたものと見える。この反対運動がやかましくなって、今度は私を講師という事にして、また学校へ入れる事になった。以来ずっとこれが今日まで続いているわけである。

これは後の話であるが、停年制のために松村氏が学校を退いた。その時にある新聞

に、

「私がどうでもやめねばならぬとすれば、牧野も罷めさせておいて、私はやめる」

松村氏の言として、こんな事が書いてあった。真か偽か知らぬが、とにかく松村氏が私に敵意を持っておったという事は、なかなか深刻なもので、且つ連続的なものであった。しかし松村氏もとうとう私を自由に処分する事は出来ないで、却って講師にしなければならなかったというのは、全く松村氏の面目が潰れたといってよいわけになる。

池長植物研究所

大学で出版しつつあった『大日本植物志』は、こうした中でされたのであるが、これが出ると、その精細な植物の記載文を見て、松村氏は文章が牛の小便のようにだらだら長いとか何とかいってこれに非を打つという風で、私も甚だ面白くない。そこでとうとう棄鉢《すてばち》になって四冊を出しただけで廃してしまった。もしあれが続いていたら、自分でいうのも訝《おか》しいが、世界に出しても恥しくなくまた一面日本の誇りにもなるものが出来たろうと、今でも腕を撫《ぶ》して残念に思っている次第である。その書は大学にあるから誰れでも一度見て下さい。

大正五年の頃、いよいよ困って殆んど絶体絶命となってしまったことがある。仕方がないので、標品を西洋へでも売って一時の急を救おう——こう覚悟したのであるが、これを知った農学士の渡辺忠吾氏が大変親切に心配してくれて、この窮状を『東京朝日新聞』に出された。大切な学術上の標品が外国へ売られようとしているといって、それをひどく惜しむような記事だったが、これが大阪の『朝日新聞』に転載されて、図らずも神戸に二人の篤志家が現れた。一人は久原房之助《くはらふさのすけ》氏で、今一人は池長孟《はじめ》という人である。池長氏はこの時京都帝大法科の学生だという事であったが、新聞社で相談をしてくれた結果、この池長氏の好意を受ける事になって、池長氏は私のために二万円だか三万円だかを投出して私の危急を救うて下された。永い間のことであり私の借金もこんな大金になっていたのである。その上毎月の生活費を支持しなくては、また借金が出来るばかりだからというので、池長氏は以後私のためにそれを月々償って下される事になった。

この時分池長氏のお父様は既に亡くなっていられたが、この方は大変教育に熱心な人でそのための建物が神戸の会下山《えげやま》公園の登り口に建ててあった。そこへ私の大正五年までの標品を持って行って、ここに池長植物研究所というのをこしらえた。今でも私はここへ毎月行って面倒を見る事になってはいるが、いろいろの事情があって今は池長氏からの援助は途切れ途切れになっている。然しとにかく縁はつながっているのである。

右の時に『大阪朝日新聞』には鳥居素川《そせん》氏がおり、その下に長谷川如是閑《にょぜかん》氏がいられて、私の面倒をよく見て下すった。また『東京朝日』には長谷川さんの兄さんの山本松之助氏が社会部長をしておられて、共々私の事について種々好意を示されたのであった。渡辺農学士は新聞に筆を執っておられたが、後健康の関係で、房州に去り、今は大網の農学校の校長をしておられるのである。この機会に諸氏の御好意を謝しておきたいと思う。

こういう風で、とにかく私の困厄は池長氏のために助けて貰い、爾来今日に及んで私は依然大学の講師を勤めているのである。正式に学問をしなかったばかりでなく大学を出なかった私は、まだ教授でも何でもない。しかし私は運動などしてそれを得ようとはさらさら思っていない。また給料にしても、はじめから一度もあげてくれと頼んだ事はない。私はそんな事が嫌いである。それで今日私の貰っている大学の給料は僅かに大枚七十五円である（数年前久しぶりで十二円ばかりあげてくれたとき「鼻糞と同じ太さの十二円これが偉勲のしるしなりけり」と口吟《くちずさ》んだ）。しかも三十七年勤続の私である。大抵給料というものは、三年なり五年なりにはあがるものであるが、私は依然として前記の額で甘んじている、今日七十五円で一家が支えられよう筈はないが、他は皆私が老骨に鞭打ってやっているのである、それ故不断甚だ忙しい。忙しいのはよいが、生活のためにこの物資を得る仕事で私の本来の研究がどの位妨げられているか料《はか》り知られぬ、その点は平素非常に遺憾に思っている。私はまだ学界のために真剣に研究せねばならぬ植物を山のように持っているのに、歳月は流れわが齢《よわい》余す所幾何《いくばく》もない。感極って泣かんとすることが度々ある。

今こそ私は博士の肩書を持っている。しかし私は別に博士になりたいと思わなかった。これは友人に勧められて、退《の》っ引《ぴ》きならぬ事になって、論文を出した結果である。私はむしろ学位など無くて、学位のある人と同じ仕事をしながら、これと対抗して相撲をとるところにこそ愉快はあるのだと思っている。学位があれば、何か大きな手柄をしても、博士だから当り前だといわれるので、興味がない。私が学位を貰ったのは昭和二年四月であるが、その時こんな歌を作って見た。

何の奇も何の興趣も消え失せて、平凡化せるわれの学問

学位や地位などには私は、何の執着をも感じておらぬ。ただ孜々《しし》として天性好きな植物の研究をするのが、唯一の楽しみであり、またそれが生涯の目的でもある。

終りに大学の植物学教室等の諸君は長い間松村氏が絶えず私を圧迫しつつあった時、何れも皆私に同情して下さった、中にも五島《ごとう》清太郎博士、藤井健次郎博士は、陰

になり日向《ひなた》になって、私を庇護して下さったので、私は衷心から感謝している。左の都々逸《どどいつ》は、私が数年前に作ったものだが、私の一生はこれに尽きている。

草を褥《しとね》に木の根を枕、花と恋して五十年

今では私と花との恋は、五十年以上になったが、それでもまだ醒《さ》めそうもない。

全国の植物採集会に招かる

私は商売上、旅行を何百遍となくしたが、費用がかかるから、地方の採集会に講師として招聘される機会を利用し幾らか謝礼をもらうと、それでまた旅行を続けたりした。そんなことが続き続きして今日に至っていたわけである。九州辺へは六年も続けて行ったこともある。私は日本全国各地の植物採集会に招かれて出席し、地方の同好者、学校の先生等に植物の名を教え、また標品に名を附してあげたりした。私の指導した先生だけでも何百人といる筈だと思う。

だから、文部省はこの点で私を大いに表彰せねばいけんと思う。

植物採集会で古いのは横浜植物会であって、創立は明治四十二年十月であり、私はこの会の講師であった。創立当時には原虎之助・岡太郎・笠間忠一郎・松野重太郎・福島亀太郎・鈴木長治郎等の人が熱心にこの会のために尽し、後には和田利兵衛・久内清孝・佐伯理一郎氏等も加わったが、素人であって学校の先生も敵《かな》わぬ人も少なくなかった。この会は事務所を横浜市弁天通の丸善薬局に置いていた。

明治四十四年十月には、東京植物同好会が生まれた。私がこの会の会長となった。この会の方は田中常吉という人が世話人であった。

『植物研究雑誌』の創刊

私は自分で自由にできる機関誌がなければ不便なので、大正五年四月『植物研究雑誌』を創刊した。五十円程借金して第一巻第一号を出版する運びとなった。私はこの雑誌の編集には相当の努力を払い、他の人の書いた原稿も、自ら仮名使いを訂正し、文字を正し、一々別の原稿紙へ写しとり、写真を張りつけたり、なかなか面倒なことをした。この雑誌は、いわば私の道楽であった。

大震災

震災の時は渋谷の荒木山にいた。私は元来天変地異というものに非常な興味を持っていたので、私はこれに驚くよりもこれを心ゆく迄味わったといった方がよい。当時私は猿又一つで標品を見ていたが、坐りながらその揺れ具合を見ていた。そのうち隣家の石垣が崩れ出したのを見て家が潰れては大変と庭に出て、庭の木につかまっていた。妻や娘達は、家の中にいて出て来なかった。家は幸いにして多少の瓦が落ちた程度だった。余震が恐いといって皆庭に筵《むしろ》を敷いて夜を明したが、私だけは家の中にいて揺れるのを楽しんでいた。後に振幅が四寸もあったと聴き、庭の木につかまっていてその具合を見損ったことを残念に思っている。その揺っている間は八畳座敷の中央で、どんな具合に揺れるか知らんとそれを味わいつつ座っていて、ただその仕舞際《しまいぎわ》にチョット庭に出たら地震がすんだので、どうも呆気《あっけ》ない気がした。その震い方を味わいつつあった時、家のギシギシと動く騒がしさに気を取られそれを見ていたので、体に感じた肝腎要めの揺れ方がどうも今はっきり記憶していない。何といっても地が四五寸もの間左右に急激に揺れたのだから、その揺れ方を確《しっ》かと覚えていなければならん筈だのに、それを左程《さほど》覚えていないのがとても残念でたまらない……もう一度生きているうちにああいう地震に遇えないものかと思っている。

震災では『植物研究雑誌』第三巻第一号を全部焼いてしまった。残ったのは見本刷七部のみであった。震災後二年ばかりして、渋谷から石神井《しゃくじい》公園附近の大泉に転居した。標品を火災その他から護るためには、郊外の方が安全だと思ったからである。

博士号の由来

私は従来学者に称号などは全く必要がない、学者には学問だけが必要なのであって、裸一貫で、名も一般に通じ、仕事も認められゝば立派な学者である、学位の有無などは問題ではない、と思っている。

今迄も理学博士にしてやるから、論文を提出しろとよくいわれたが、私は三十年間も意地を張って断ってきた。しかし、周囲の人が後輩が学位をもっているのに、先輩の牧野が持っていぬのは都合が悪いから、是非論文を出せと強いて勧められ、やむなく学位論文を提出することにした。学位論文はなるべく内容豊富で纏《まとま》ったものがよいというので、従来『植物学雑誌』に連続掲載していた欧文の論文千何頁かの本邦植物に関する研究を本論文とし、『大日本植物志』その他を参考として提出し、理学博士の学位を得た。私は、この肩書で世の中に大きな顔をしようなどとは少しも考えていない。私は大学へ入らず民間にあって大学教授としても恥しくない仕事をしたかった。大学へ入ったものだから、学位を押付けられたりして、すっかり平凡になってしまったことを残念に思っている。

自動車事故

今から七年程前になるが、大学からの帰途、街で拾った円タクで白山上を通過した時、前方から疾走してきた自動車と衝突し、大怪我をした。窓ガラスで顔を切り、ひどく出血した。直ちにハンカチで傷口を押えながら、大学病院に駈けつけて、七針か八針縫って貰った。この事故で眼をやられず、動脈をやられなかったことは幸いであった。

退院したては人相が悪かったが、思ったより早くよくなった。医者は酒を呑まないから全快が早いのだと喜んでくれた。

朝日賞を受く

昭和十二年一月二十五日朝日新聞社から昭和十一年度の朝日賞〔朝日文化賞〕を贈られた。

これは私の過去五十年間の研究集大成として『牧野植物学全集』を完成し、昭和十一年十一月に刊行したが、これに対し贈られたものである。

当時の『朝日新聞』には「（牧野）博士が命名した新種一千を越え、新変種及び新に改訂した学名を加えれば一千五百に達している。従って世界の植物分類学者で牧野博士の名を知らぬものは殆どない。……真正の国宝的学者といっても過言でない。現在各帝大その他の学校、研究所にいる数十名の植物分類学者を始め、全国に分散している植物同好者数百名は直接間接に博士の指導を受けた門下生といってもよいものである。博士が日本植物分類学の創設者、日本植物研究の第一人者たるの功績は没すべからざるものであるが、同時に日本の植物分類学者の大多数に親切に手ほどきして、養成した功労も亦甚大なるものであるといわねばならない」とあった。

大学を辞す

昭和十四年の春、私は思い出深い東京帝国大学理学部植物学教室を去ることになった。私はもう年も七十八歳にもなったので、後進に途を開くため、大学講師を辞任するの意はかねて抱いていたのであったが、辞めるについて少なからず不愉快な曲折があったことは遺憾であった。私は今改めてそれについて語ろうとは思わないが、何十年も恩を受けた師に対しては、相当の礼儀を尽すべきが人の道だろうと思う。権力に名をかり一事務員を遣《つかわ》して執達吏の如き態度で私に辞表提出を強要するが如きことは、許すべからざる無礼であると私は思う。辞める時の私の月給は七十五円であったが、このことは相当世間の人を驚かしたようだ。

私は大学を辞めても植物の研究を止めるわけではないから、その点は少しも変りはないわけである。

「朝な夕なに草木を友にすれば淋しいひまもない」

というのが私の気持である。

私と大学

昭和十四年から凡《およ》そ五十二年程前の明治二十年頃に民間の一書生であった私は、時々否な殆ど不断に東京大学理科大学、すなわち今の東京帝国大学理学部の植物学教室へ通っていた。がしかし大学とは公に於て何の関係もなく、これは当時植物学の教授であった理学博士矢田部良吉先生の許しを得てであったが、先生達はじめ学生諸君までも非常に私を好遇してくれたのである。教室の書物も自由に閲覧してよい、標本も勝手に見てよいとマルデ在学の学生と同様に待遇してくれた。その時分はいわゆる青長屋時代であった。私はこれがため大変に喜んで自由に同教室に出入して大いにわが知識の蓄積に努め、また新たに種々と植物を研究して日を送った。そこでつらつら私の思ったには、従来わが国にまだ一つの完成した日本の植物志すなわちフロラが無い、これは国の面目としても確かに一つの大欠点であるから、それは是非ともわれら植物分類研究者の手に依てその完成を理想として、新たに作りはじめねばならんと痛感したもんだから、私は早速にそれに着手し、その業をはじめる事に決心した。それにはどうしても図が入用であるのだが、今それを描く自信はあるからそれは敢えて心配は無いが、しかしこれを印刷せねばならんから、その印刷術も一《ひ》ト通りは心得ておかねば不自由ダと思い、そこで神田錦町にあった一《ひとつ》の石版印刷屋で一年程その印刷術稽古をした。そしていよいよ『日本植物志』を世に出す準備を整えた。その時私の考えではおよそ植物を知るにはその文章も無論必要だが、図は早解りがする。故にとりあえずその図を先きに出し、その文章を後廻しにする事にして、断然実行に移す事となり、まずその書名を『日本植物志図篇』と定めた。これは『日本植物志』の図の部の意味である。そしていよいよその第一巻第一集を自費を以て印刷し、これを当時の神田裏神保町にあった書肆敬業社をして発売せしめたが、それが明治二十一年十一月十二日で今から大分前の事であった。その書名は前記の通りであったが、これを欧文で記すると Illustrations of the Flora of Japan, to serve as an Atlas to the Nippon-Shokubutsushi であった。助教授であった松村任三氏は大変にこれを賞讃してくれて「余ハ今日只今日本帝国内ニ本邦植物図志ヲ著スベキ人ハ牧野富太郎氏一人アルノミ……本邦所産ノ植物ヲ全璧センノ責任ヲ氏ニ負ハシメントスルモノナリ」と当時の『植物学雑誌』第二十二号の誌上へ書かれた。

それが明治二十三年三月二十五日発行の第六集まで順調に進んだ時であった。ここに突然私に取っては一つの悲むべき事件が発生した。それは教授の矢田部氏が何の感ずる所があってか知らんが、殆ど上の私の著書と同じような日本植物の書物を書く事を企てた。そこで私に向こうて宣告するに今後は教室の書物も標本も一切私に見せないとの事を以てした。私はこの意外な拒絶に遭ってヒタと困った！　早速に矢田部氏の富士見町の宅を訪問して氏に面会し、私の意見を陳述しまた懇願して見た。すなわちその意見というのは第一は先輩は後輩を引き立つべき義務のある事、第二は今日植物学者は極めて寡《すくな》いから一人でもそれを排斥すれば学界が損をし植物学の進歩を弱める事、第三は矢張り相変らず書物標本を見せて貰いたき事、この三つを以て折衝してみたが氏は強情にも頑としてそれを聴き入れなかった。その時は丁度私が東京近郊で世界に珍しい食虫植物のムジナモ（Aldrovanda vesiculosa L.）を発見した際なので、私は止むを得ずこれを駒場の農科大学へ持って行ってそこでそれを写生し、完全なその詳図が出来た。この図の中にある花などの部分はその後独逸《ドイツ》の植物書にも転載せられたものである。

私は矢田部教授の無情な仕打ちに憤懣し、しかる上は矢田部を向うへ廻してこれに対抗し大いに我が著書を進捗《しんちょく》さすべしと決意し、そこではじめて多数の新種植物へ学名をつけ、欧文の記載を添え、続々とこれを書中に載せ、上の『日本植物志図篇』を続刊した。当時私の感じでは今仮りにこれを相撲に喩うればそれは丁度大関と褌担ぎのようなもの、すなわち矢田部は、大関、私は褌担ぎでその取組みは甚だ面白く真に対抗し甲斐があるので大いにヤルべしという事になり、そこは私は土佐の生まれだけあって、その鼻息が頗る荒らかった。一方では杉浦重剛先生または菊池大麓先生など、それは矢田部が怪《け》しからんと大いに孤立せる私に同情を寄せられ、殊にその頃発行になっていた『亜細亜』という雑誌へ杉浦先生の意を承《う》けて大いに私のために書いて声援して下さった。

丁度その時である。イッソ私は、私をよく識ってくれている日本植物研究者のマキシモヴィッチ氏の許に行かんと企て、これを露国の同氏に紹介した。同氏も大変喜んでくれたのであったが、その刹那同氏は不幸にも流感で歿したので、私は遂にその行をはたさなかったが、その時に「所感」と題して私の作った拙い詩があるからオ目に掛けます。

これから二つの大仕事

思い出深い大学は辞めたが、自分の思うように使える研究の時間が多くなったことは何より幸いである。私は幸い健康に恵まれていて、雨天の際もレインコートを着けることをつとめないでも平気だし、また植物の図を描く時にも、どんな細部でも毛筆で描けて決して手がふるえるようなことはない。貧乏な私にとって、衣服の心配はなし、助手をやとう必要はなし、真に有難い健康を得たと思っている。

私にこれから先に課せられた大きな仕事は二つある。一つは私が蒐集した膨大な標品の整理であり、もう一つは『日本植物図説』の刊行である。この二つは私に課せられた天の使命と信じ、今後万難を排して完成しなければならないものである。

標品の整理

標品の整理は、これから研究を進めるについても是非しなければならないものであるが、なにせ何十万という膨大な数に上っているので、なかなか一朝一夕に片付くものではなく少なくとも三、四年の年月はかかると思う。もし整理をせずに置けば、全く宝の持腐れで、この貴重な蒐集も、枯草の集りに過ぎぬことにもなる。またこの整理は採集者である私自身でなければ不完全になるおそれがある。

私は何十年もの間、根気よくこの標品を蒐集してきたが、常に将来『日本植物図説』を刊行する時の研究材料にする心がまえで、完全な標品を、しかも多数にとる事を忘れなかった。記載を完璧なものにするには、どうしても完全な標品を充分に持っている必要があるのであって、私はその点世間の他の人より優れていると自負している。私は標品整理完了の暁には、その一部を日本植物学界のために遺し、また他の一部は欧米の植物学界のために寄贈し、以て世界を利せんことを念願としている。そうすれば、私の標品も決して無駄にはならず、その価値を充分に発揮することが出来るわけである。

またこの標品整理には、仕事場が必要であって、そのため私はバラックで結構だから建物が欲しいと思っている。五間《けん》に六間位の広さで、二階建で風雨が凌げれば充分であると思う。

標品整理が完了し、出来れば国家の手で私の標品が標品館にでも収容されるようになれば、非常に満足に思う。私はこの苦心の標品が、火災により焼失したり、また鼠その他害虫等により破損することを恐れている。この標品の始末を速《すみやか》になし遂げる迄は、私は安泰としてはいられない気持でいる。

『植物図説』の刊行

もう一つの大きな仕事として私に課せられた使命は、『日本植物図説』の刊行である。私は植物に関係した当初からこの考えをもっており、明治二十二年頃には『日本植物志』刊行を発念し、『日本植物志図篇』を手はじめに出版したが、その序文にもある如く、『日本植物志』刊行の必要を痛感していた。私の考えは終始一貫しているが、なかなか思うようにならず、遂に今日に及んだが、日本にはどうしても日本植物研究の土台となるべき完全な『日本植物志』が必要である。この仕事の遂行には自分は最適任者の一人であると自負している。幸いに私はこの仕事を遂行するに充分な健康を持っている。今でも夜二時過迄仕事をしているが、これをしないでは物足らない感じがする。

私は自身でも図を描くので、図を描かせるについても要領よく指図をすることが出来て具合がよい。図説は彩色したものにする積りで、一般の人にも判る便利なものにしたいと思っている。この時局で色々のものが充分にいかんのは残念であるが、私は献身的の努力を以てこれを完成する覚悟でいる。私はこの図説は世界に向かってその真価を問うつもりでいる。出版の暁は是非広く世の人に講評を仰ぎたいと思っている。私はこの二つの大きな仕事の遂行に当たり、大方の御後援、御鞭撻を賜る事を切に希望して止まない。

花と私——半生の記——

私は土佐の国高岡郡佐川町における酒造家の一人息子に生まれたが、幼少のころから植物が何よりも好きであった。そして家業は番頭任せで、毎日植物をもてあそんでこれが唯一の楽しみであった。

はじめ町の土居謙護先生の寺子屋で字を習い、次に町外れにあった伊藤徳裕先生について再び字を習った。明治七年、小学校が出来る直前には名教館《めいこうかん》で日進の学課を修め次いで同七年に出来た町の小学校に通い、かたわら師について英語を学んだ。明治九年に小学校を半途退学、次いで高知に出で弘田正郎先生の私塾に入った。そしてそれ以後は私の学問は全く独修でいろいろの学課を勉強した。明治十七年に東京に出、同十八年にはじめて大学の植物学教室に出入した。明治二十六年ごろに大学助手を拝命し、その後引続いて長いこと植物学教室で講師を勤め、理学博士の称号をもらった。大学では在職四十七年で辞職し民間に下って今日に及んでいる。そして日本学士院の会員に挙げられた。

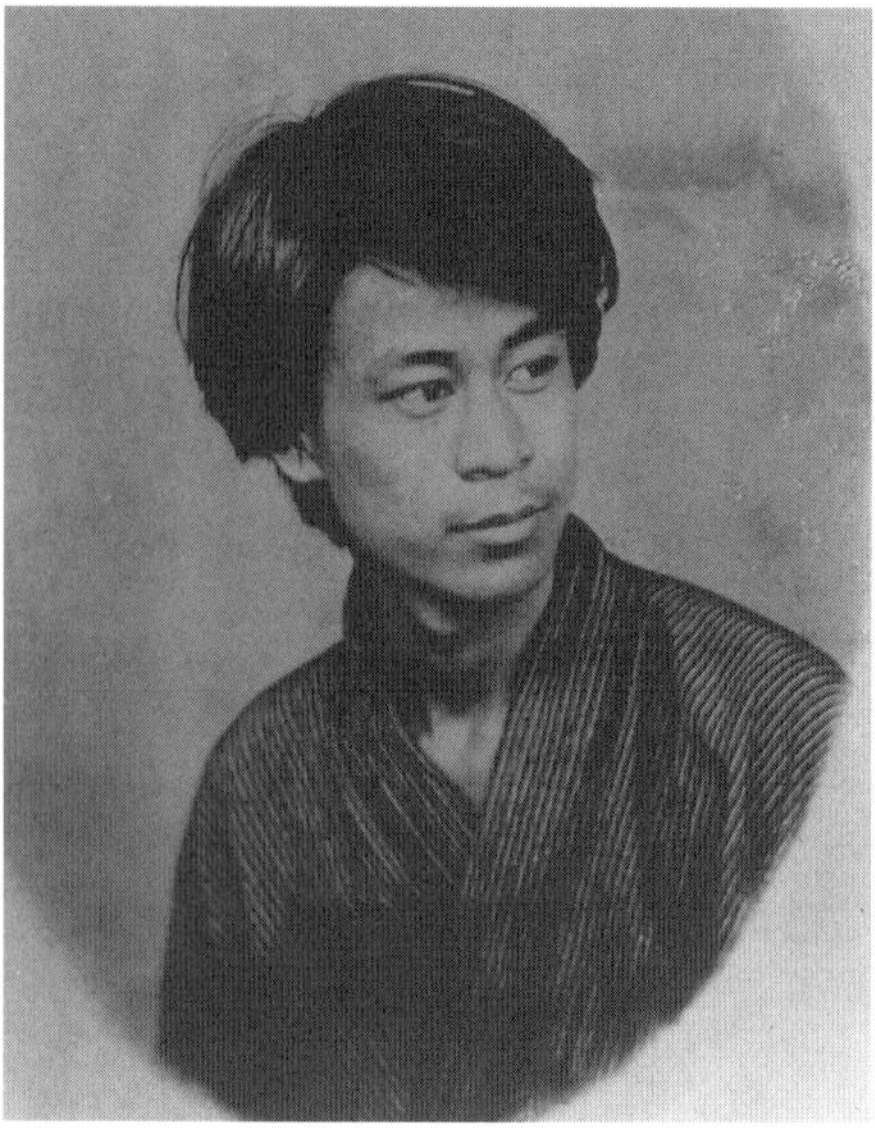

6

牧野富太郎の言葉

当時東京へ行くことは外国へ行くようなものだったので
盛んな送別を受けた。

ながく住みしかびの古屋をあとにして
気の清む野辺に吾れは呼吸せむ

信仰は自然其者が即ち私の信仰で別に何物もありません。自然は確かに因果応報の真理を含み、是れこそ信仰の正しい標的だと深く信じています。恆に自然に対していれば私の心は決して飢える事はありません。

採集胴乱を掛けて歩く時は馬鹿に見える。其れゆえ臆病な人は往々其胴乱を風呂敷に包んでソットト携帯しているが、然し何ぞ知らん、此胴乱を掛けた事から他日料るべからざる重大且貴重なる結果が生れんとは。（中略）吾人は宜しく此大きな胴乱を肩に掛け、どんな稠人《ちゅうじん》の中でもどんな市街と頭《ほとり》でも、怖めず臆せず矜《ほこ》りやかに闊歩すべきである。

また生まれ来ぬ　此の世なりせば
何時までも　生きて仕事にいそしまん
（命尽きるまで研究にいそしんだ富太郎が詠んだ歌）

今日本には植物を研究する人は極めて少数である。その中の一人でも圧迫して、研究を封ずるような事をしては、日本の植物学にとって損失であるから、私に教室の本や標品を見せんという事は撤回してくれ。

平素見馴れている普通の植物でも、更に之れを注意深く観察して行きますと、是れまでまだ一向に書物にも出ていないような新事実、其れは疑もなく充分学界へ貢献するにも足る新事実が見附かります。

人によると私のような人は百年に一人も出んかも知れんと言って呉れますが、然し私はそんな人間かどうか自分には一向に分りませんが、人様からは能くそんな事を聞かされます。

「芸が身を助ける程の不仕合せ」ということがあるが、道楽でやっていた私の植物研究はここに至って唯一の生活手段となったのである。

私はこの一本道を脇目もふらず歩き通すでしょう。

7

牧野富太郎の一生についての解説

この章では簡単に牧野富太郎の一生について解説していきます。

誕生から死までの道のり

牧野富太郎は文久二（一八六二）年四月二十四日に、土佐国高岡郡佐川村（現佐川町）の酒造業を営む裕福な商家「岸屋」に生まれました。

幼名を「成太郎」と名づけられ、何不自由なく育てられましたが、三歳で父親、五歳で母親、六歳で祖父と次々に身内を亡くしました。そのため、唯一の家族である祖母によって大切に育てられました。

その誕生の一か月前に、幕末の土佐藩士坂本龍馬が土佐藩を脱藩します。

この年、寺田屋事件、生麦事件などが起こり、日本が近代国家へ歩み始めた大事な時期となりました。

日本の夜明けとともに、彼は誕生したのです。

富太郎は、佐川町にいて勉強するだけでは満足できなくなり、十七歳で現在の高知市へ行き高知中学校の教員永沼《ながぬま》小一郎《こいちろう》に出会いました。

そこで新しい科学としての植物学を教えられ、さらに意欲に燃えて明治十四（一八八一）年、十九歳の時に初めて東京を訪れます。

第二回内国勧業博覧会見物と顕微鏡や書籍を買うためだったそうです。

文部省博物局の田中芳男《たなかよしお》、小野職愨《おのもとよし》らを訪ね、植物園を見学したり、最新の植物学話を聞いたりしました。

明治十七（一八八四）年に本格的な植物学を志し再び東京に訪れました。

東京大学理学部植物学教室を訪ね、その後、出入りを許され、書籍や標本を使って植物研究に没頭しました。当時の日本の研究者の多くは、海外に植物を送り、分類上の所属を決定してもらっていました。富太郎もロシアの東アジア植物研究の第一人者のマキシモヴィッチに標本と図を送っています。先方から、天性の描画力を絶賛する返事が届いたといわれています。新種の発表や「日本植物志図篇」の刊行など目覚ましい活躍の裏では、湯水の如く研究費を使い込み、ついに実家の経営が悪化してしまいました。明治二十四（一八九一）年、家財整理をするため高知へと帰郷します。

故郷で写生や植物採集に励む生活を送る最中に、免職した矢田部教授に代わり教授となった松村任三《まつむらにんぞう》から、帝国大学理科大学助手として招かれました。

明治四十二（一九〇九）年に「横浜植物会」が創立されました。

ここで講師として人々に植物採集を教えました。

その後、明治四十四（一九一一）年に発足された「東京植物同好会」では、会長に就任しています。また、その後日本各地に誕生した植物同好会に招かれるようになり、ここでも植物採集指導を行いました。彼の植物採集会は非常にユーモアあふれるもので瞬く間に人気となり、子供から大人まで、男女問わず多くの人に植物の知識やその魅力を伝えました。

富太郎は昭和二（一九二七）年、植物研究への功績を認められ理学博士の学位を受けました。

しかし昭和十四（一九三九）年、四十七年間講師として勤めた大学に辞表を出しました。

大学を辞めてからは、より多くの情熱を植物へ注ぎ、日本全国を自由に飛び回るようになりました。植物研究とともに晩年を過ごして、昭和三十二（一九五七）年一月十八日、多くの人に惜しまれながら九十四歳で永眠しました。

植物の好きに捧げた一生

大正十二（一九二三）年、関東大震災が起きました。当時、牧野富太郎は現在の渋谷区道玄坂周辺に住んでいましたが、妻の寿衛《すえ》子は大切な標本や書籍を守れるよう、より安全な場所に家を建てたいと考えるようになり、芹沢薫一郎氏などに相談をしました。大正十五（一九二六）年、大泉に新居を建て引っ越しました。ここで生涯を過ごしました。

昭和三（一九二八）年、妻・寿衛子が亡くなった後は、三女の己代、四女の玉代の三人での生活がはじまりました。身の回りの世話は二人の娘が引き受けることとなりました。夜おそくまで研究に励む父を思いコーヒーを持っていくと、彼は大変喜びました。晩年は、己代、玉代に代わり、次女の鶴代が世話をするようになりました。年老いてもなお、植物研究に熱中するあまり、時には二日間その場所から動かないこともあったそうです。活躍の裏には、妻の寿衛子をはじめ家族の支えがあったのです。

富太郎は植物分類学の研究だけではなく、植物趣味の普及にも努めました。

一般の人たちに趣味としての植物観察や採集の楽しみを知ってもらいたいと考えた富太郎は、各地で開かれる採集会や講演会の講師を務めたり、横浜植物会の指導者や東京植物同好会（現牧野植物同好会）の会長になるなどしてその普及に尽力しました。

また、のちに、実地に基づく植物研究とあわせて読書で蓄えた知識を活かし、執筆活動により植物の知識を広め植物への関心を高めようとしました。植物に関する知識や蘊蓄を、大正五（一九一六）年創刊の『植物研究雑誌』や昭和二十一（一九四六）年創刊の『牧野植物混混録』などの雑誌、また『趣味の植物採集』（三省堂　一九三五年）、『植物記』（桜井書店　一九四三年）、『続植物記』（桜井書店　一九四四年）、『植物一日一題』（東洋書館　一九五三年）、『植物随筆　我が思ひ出（遺稿）』（北隆館　一九五八年）などに発表し、本として出版しました。

これらの本に載る記事には、様々な植物が鮮やかに描写され、また植物名の語源や方言などについての記述も多く見られます。

富太郎が遺した仕事

日本の植物相を明らかにして日本の植物誌を完成させることを目指しました。若い頃から植物について文章と図からなる図説集の編纂に取り組み、『日本植物志図篇』・『新撰日本植物図説』・『大日本植物志』など出版しました。

植物への情熱は生涯消えることはなく、亡くなる際、家族や知人に伝えた最後の「指図」の一つが「牧野日本植物原色図譜」を出版することでした。

日本各地で採集した植物や検定を依頼された植物について、属を定め学名を付与し、個々の植物の特徴を文章と図で記録しました。富太郎が研究していた植物分類学は、継続分類学と記載分類学とに大別されます。植物相互の類縁関係を解明し、それを手掛かりに植物の進化過程を考究する継続分類学に対し、記載分類学は、個々の植物の異同を見極め、学名をつけ、その形質について記述する学問です。

当時の日本は、西洋から伝わった近代的な植物学の草創期であり、記載学が中心で、博士も植物の記載を主たる仕事としていました。発表した学名のうち現在も用いられている学名は多数あり、このことは彼の能力の高さを物語っています。

また、記載にあたり適切な文章と正確な図がそろってはじめて植物の特徴をよく伝えることができると考え、約千七百点にわたる細密な植物図を自身の手で制作しました。

8

牧野富太郎の年譜

年号	年齢	事項
文久二年（一八六二）	○歳	四月二十四日土佐国高岡郡佐川村西町組一〇一番屋敷に生れた。父は佐平、母は久寿、幼名成太郎といった。
慶応元年（一八六五）	三歳	父佐平死亡。
慶応三年（一八六七）	五歳	母久寿病死。
明治元年（一八六八）	六歳	祖父小左衛門死亡、富太郎と改名した。
明治四年（一八七一）	九歳	佐川町西谷土居謙護の寺子屋に入り、後に同町目細谷伊藤蘭林塾に学んだ。この頃から植物の採集観察を始めた。
明治五年（一八七二）	十歳	藩校名教館に学んだ。
明治七年（一八七四）	十二歳	佐川町に小学校開校され下等一級に入学、文部省編の博物図を学んだ。
明治八年（一八七五）	十三歳	この年いつとはなしに小学校退学。
明治十二年（一八七九）	十七歳	佐川小学校の教師になる。
明治十三年（一八八〇）	十八歳	佐川小学校教師退職、高知市に出て弘田正郎の五松学舎に学んだ。永沼小一郎と知友になり、共に植物学を研究した。コレラ流行のため佐川町に帰った。
明治十四年（一八八一）	十九歳	四月、東京に開催の「第二回内国勧業博覧会」見物を兼ね、顕微鏡、参考書購入のため上京した。文部省博物局に田中芳男、小野職愨両氏を訪ね知遇を受けた。

明治十七年（一八八四）　二十二歳

五月、日光に採集。
六月、箱根、伊吹山等を採集して帰郷した。
七月、二度目の上京、東京大学理学部植物学教室に出入して教授矢田部良吉及び助手松村任三と識り合った。「日本植物志」の編著の志を抱き始めた。

明治十九年（一八八六）　二十四歳

この年から明治二十三年までの間、東京と郷里佐川町の間を時々往復した。佐川小学校にオルガンを寄贈し、自ら有志に弾奏法を教えていた。高知県内及び四国各地を採集して歩いた。

明治二十年（一八八七）　二十五歳

二月十五日市川延次郎、染谷徳五郎と共に「植物学雑誌」を創刊した。五月、祖母浪子死亡。石版印刷屋太田義二の工場に通って石版印刷術を習得した。

明治二十一年（一八八八）　二十六歳

十一月十二日、「日本植物志図篇」第一巻第一集を出版した。

明治二十二年（一八八九）　二十七歳

一月、「植物学雑誌」第三巻二十三号に日本で初めてヤマトグサに学名をつけた。

明治二十三年（一八九〇）　二十八歳

五月十一日、東京府下小岩村で、ムジナモを発見した。小沢寿衛子と結婚。矢田部教授より教室出入を禁止され、露都の亡命を企てた。

明治二十四年（一八九一）　二十九歳

二月十六日、マキシモヴィッチ博士が死去したので、露都行きの夢は破れ、駒場農大の一室で研究に専心した。
十月九日、「日本植物志図篇」第十一集を出版した。
十二月、郷里の家財整理のため帰省した。

明治二十五年（一八九二）　三十歳

郷里にあって横倉山、石槌山その他各地を採集して歩いた。
九月、高知県南西部（幡多郡）へ採集に趣いた。
高知市で「高知西洋音楽会」を主宰して活躍した。

明治二十六年（一八九三）　三十一歳

一月、長女東京にて死亡、上京。
東京帝国大学理科大学助手を拝命した。月俸は十五円であった。
十月、岩手県須川岳で植物採集を行った。

明治二十九年（一八九六）　三十四歳　十月、台湾に植物採集のため出張を命ぜられた。台北、新竹附近にて一ヵ月間採集した。旧知小藤文次郎博士と出会った。十二月、台湾より帰朝した。

明治三十二年（一八九九）　三十七歳　「新撰日本植物図説」を刊行した。

明治三十三年（一九〇〇）　三十八歳　二月二十五日、「日本植物志」第一集が発行された。

明治三十四年（一九〇一）　三十九歳　二月二十日、「日本禾本莎草植物図譜」第一巻第一号を出版した。（敬業社）

明治三十五年（一九〇二）　四十歳　五月十五日、「日本羊歯植物図譜」第一巻第一号を出版した。（敬業社）東京でソメイヨシノの苗木を買って、郷里佐川へ送り移植した。

明治四十年（一九〇七）　四十五歳　八月、九州阿蘇山に採集に趣いた。十二月二十五日、「植物図鑑（北隆館）」を出版した。

明治四十三年（一九一〇）　四十八歳　八月、愛知県伊良古崎で、採集しての帰途に、名古屋の旅館で喀血した。

明治四十五年（一九一二）　五十歳　一月、東京帝国大学理学部講師となった。

大正二年（一九一三）　五十一歳　四月、高知県佐川町の郷里に帰った。「植物学講義」三巻を出版した。（中興館）「増訂草木図説」四巻を完成した。（成美堂）

大正五年（一九一六）　五十四歳　池長孟氏の好意によって経済的危機を脱し、神戸に池長植物研究所を作って標本約三十万点をおいた。「植物研究雑誌」を創刊した。

大正八年（一九一九）　五十七歳
八月、岡山県新見町方面へ採集に趣いた。
北海道産オオヤマザクラ苗百本を上野公園に寄贈した。

大正九年（一九二〇）　五十八歳
六月、「植物研究雑誌」の主筆を退いた。
八月二十五日、「雑草の研究と其利用」（入江と共著）を出版した。（白水社）
七月、吉野山に採集に趣いた。

大正十一年（一九二二）　六十歳
七月、日光で成蹊高等女学校職員生徒に植物採集の指導をして、校長中村春二と識り合い、色々と支援を受けた。
十二月、内務省栄養研究所事務取扱を嘱託された。
大正十二年（一九二三）　六十一歳
三月、願い出て、栄養研究所嘱託を辞めた。
八月五日、「植物の採集と標品の製作整理」を出版した。（中興館）
九月一日、関東大震災に遭った。

大正十四年（一九二五）　六十三歳
九月十日、「日本植物総覧」初版を発行した。

大正十五年（一九二六）　六十四歳
十月十八日、広島文理科大学で講義した。
十一月三日、大分県因尾村井の内容に行って自生地を調査した。
十二月、東京府下北豊島郡大泉町上土支田五五七に新築して移った。

昭和二年（一九二七）　六十五歳
四月十六日、理学博士の学位を授けられた。
八月、秋田県宮川村付近を採集して歩いた。
九月、盛岡市で岩手県小学校教員に植物学を講義した。また青森県下を採集して歩いた。
十二月二十三日、札幌でのマキシモヴィッチ誕生百年記念式典に出席して講演した。
その帰途仙台でスエコザサを発見採集した。

昭和三年（一九二八）　六十六歳　二月二十三日、寿衛子夫人没す、享年五十五。
三月一日、「科属検索日本植物誌」（田中と共著）を出版した。（大日本図書）
七月より栃木、新潟、兵庫、岩手等十一県を採集旅行して、十一月に帰京した。

昭和四年（一九二九）　六十七歳　九月、早池峰に登山採集した。

昭和五年（一九三〇）　六十八歳　八月、鳥海山に登山採集した。

昭和六年（一九三一）　六十九歳　四月十一日、東京で自動車事故に遭い負傷して、入院した。
六月、奈良県宝生寺付近を採集して歩いた。

昭和七年（一九三二）　七十歳　七月、富士山に登山採集した。
八月、九州英彦山に採集に趣いた。

昭和八年（一九三三）　七十一歳　十月二十五日、「原色野外植物図鑑」（全四巻）を完成した。（誠文堂）

昭和九年（一九三四）　七十二歳　七月、奈良県下を採集して歩いた。
八月一日―三日、高知県で植物採集会を指導して、高知市附近、横倉山、室戸岬、土佐山村、白髪山、魚梁瀬山等に採集に趣いた。

昭和十年（一九三五）　七十三歳　三月五日、東京放送局より「日本の植物」を放送した。
五月、伊吹山を採集旅行した。
六月、山梨県西湖附近に採集に趣いた。
八月、岡山県下を採集旅行した。
十月、東京府下千歳烏山付近で採集会を指導した。

昭和十一年（一九三六）　七十四歳　四月、高知県に帰省して、郷里で旧友と花見を楽しみ、高知会館での歓迎パーティに出席した。「桜の話」を講演した。
四月十九日、高知市高見山付近で高知博物学会の採集会を指導した。

昭和十二年（一九三七）　七十五歳
七月二十五日、「随筆草木志」を出版した。（南光社）
十月十日、東京会館での「不遇の老学者をねぎらう会」に招かれた。
十月二十二日、「牧野植物学全集」全六巻つき録一巻を完成した。
一月二十五日、朝日文化賞を受けた。

昭和十三年（一九三八）　七十六歳
六月、喜寿記念会が催され記念品を贈られた。

昭和十四年（一九三九）　七十七歳
五月二十五日、東京帝国大学理学部の講師を辞任した。勤続四十七年。

昭和十五年（一九四〇）　七十八歳
七月、宝塚熱帯植物園を訪問した。

八月、九州各地を採集して歩いた。

九月、豊前犬ケ岳で崖より落ちて重傷を負い別府で静養し、十二月三十一日に帰京した。

九月二十九日、「牧野日本植物図鑑」を発行した。

昭和十六年（一九四一）　七十九歳
五月三日、満州国のサクラ調査のため神戸を出帆して、約五千点の標本を採集し、六月十五日に門司に帰朝した。

六月、民間アカデミー国民学術協会より表彰された。

十一月、安達潮花氏の寄贈により「牧野植物標品館」が建設された。

池長研究所に置いた三十万点の標本が二十五年目に帰った。

十二月八日、大東亜戦争勃発。

昭和十八年（一九四三）　八十一歳
八月二十日、「植物記」出版。（桜井書店）

昭和十九年（一九四四）　八十二歳
四月十日、「続植物記」出版。（桜井書店）
七月二十五日、上村登著「土佐の植物」（共立出版）に序文を書いた。

昭和二十年（一九四五）　八十三歳
四月、敵機の至近弾で牧野標本館の一部が破壊された。
五月、山梨県北巨摩郡穂坂村に疎開した。
八月十五日、大東亜戦争終戦。
十月二十四日、帰京。

昭和二十二年（一九四七）　八十五歳
六月三十日、「牧野植物随筆」出版。（鎌倉書房）

昭和二十三年（一九四八）　八十六歳
七月十五日、「趣味の植物誌」出版。（壮文社）
十月七日、皇居に参内して、天皇陛下に植物を御進講した。

昭和二十四年（一九四九）　八十七歳
四月一日、「日本植物図鑑」学生版を出版した。（北隆館）
六月二十三日、大腸カタルで危篤となったが奇蹟的に恢復した。
五月三十一日、「図説普通植物検索表」を出版した。（千代田出版社）
「植物学雑誌」六十二巻七二九―七三〇号を牧野博士米寿記念号として、会長小倉博士の祝辞が掲げられた。

昭和二十五年（一九五〇）　八十八歳
十月六日、日本学士院会員に推選された。

昭和二十六年（一九五一）　八十九歳
一月、文部省に「牧野富太郎博士植物標本保存委員会」が設置された。七月、朝比奈泰彦博士が委員長となって標本の整理を始めた。
七月、第一回文化功労者として文化年金五十万円を受けた。

昭和二十七年（一九五二）　九十歳
郷里高知県佐川町旧邸址に「牧野富太郎博士誕生の地」の記念碑が建設された。

昭和二十八年（一九五三）　九十一歳
一月、「原色少年植物図鑑」出版。（北隆館）
一月十七日、老人性気管支炎で重態となったが恢復した。
七月、「植物学名辞典」（清水と共著）出版。（和田書店）

十月一日、東京都名誉都民に推された。
十月十五日、山本和夫著「植物界の至宝牧野富太郎」が出版された。（ポプラ社）

昭和三一年（一九五六）　九十三歳
四月、昨年暮より臥床のままで九十三回目の誕生日を迎えた。床中で「原色植物図譜」の完成を急いだ。

昭和三十二年（一九五七）　九十四歳
四月二十日、中村浩著「牧野富太郎」が出版された。（金子書房）
永眠した。

参考文献

・『花物語　続植物記』（筑摩書房）
・『牧野富太郎　牧野富太郎自叙伝』（日本図書センター）
・『牧野富太郎　なぜ花は匂うか』（平凡社）
・『わが植物愛の記』（河出書房）
・『植物知識』（講談社）

好《す》きを生《い》きる

天真《てんしん》らんまんに壁《かべ》を乗《の》り越《こ》えて

2023年1月15日　初版第1刷発行
2023年6月20日　　　第4刷発行

著　者　牧野富太郎《まきのとみたろう》

発行者　笹田大治
発行所　株式会社興陽館
〒113-0024　東京都文京区西片1-17-8　KSビル
TEL 03-5840-7820　FAX 03-5840-7954
URL https://www.koyokan.co.jp

装　丁　長坂勇司(nagasaka design)
校　正　結城靖博
編集補助　伊藤桂　飯島和歌子
編集人　本田道生

印　刷　恵友印刷株式会社
DTP　有限会社天龍社
製　本　ナショナル製本協同組合

Printed in Japan
ISBN978-4-87723-301-3 C0095

『論語と算盤』

渋沢栄一の名著を
「生の言葉」で読む。

渋沢栄一

本体 1,000円+税

ISBN978-4-87723-265-8 C0034

日本資本主義の父が生涯を通じて貫いた「考え方」とはなにか。
歴史的名著の原文を、現代語表記で読みやすく!

『虫と自然を愛する ファーブルの言葉』

大事なことはみんな
「昆虫」が教えてくれた。

ジャン・アンリ・ファーブル

本体 1,500円+税

ISBN978-4-87723-280-1 C0095

仏文学者・詩人の平野威馬雄が訳した「昆虫の詩人」ファーブルの精髄が復
1942 年刊行の平野威馬雄・訳『ファブルの言葉』(新潮社) を再編集。

『赤毛のアン』

曽野綾子の
訳で読む。

ルーシイ・モード・モンゴメリ
／訳：曽野綾子／挿画：田村セツコ

本体 1,800円+税

ISBN978-4-87723-299-3 C0095

作家、曽野綾子の訳で読む不朽の名著。挿画は田村セツコ。
誰の心の中にもいる永遠の少女、アンの成長物語。感動の名作。

興陽館の本

終《つい》の暮らし 曽野綾子
わたしひとり、どう暮らし、どう消えていくのか。曽野綾子が贈る「最期の時間」の楽しみ方。 1,000円

88歳の自由 曽野綾子
途方もない解放感! 88歳になってわかった生き方の極意とは。自由に軽やかに生きるための人生の提言書。 1,000円

病気も人生 曽野綾子
自ら病気とともに生きる著者が、病気や死とともに生きる人への想い、言葉を綴ったエッセイ集。 1,000円

一人暮らし 曽野綾子
連れ合いに先立たれても一人暮らしを楽しむ。幸せに老いる極意を伝える珠玉の一冊。 1,000円

【新装・改訂】六十歳からの人生 曽野綾子
人生の持ち時間は、誰にも決まっている。体調、人づき合い、暮らし方への対処法。 1,000円

【新装・改訂】身辺整理わたしのやり方 曽野綾子
身のまわりのものとどのように向き合うべきか。曽野綾子が贈る、人生の後始末の方法。 1,000円

【新装版】老いの冒険 曽野綾子
人生でもっとも自由な時間を心豊かに生きる。老年の時間を自分らしく過ごすコツ。 1,000円

「いい加減」で生きられれば… 曽野綾子
人生は「仮そめ」で「成り行き」。いい加減くらいがちょうどいい。老年をこころ豊かに、気楽に生きるための「言葉の常備薬」。 1,000円

孤独ぎらいのひとり好き 田村セツコ
「みんな、孤独なんですよ。だからね」と語り出すセツコさんの孤独論。ひとりぼっちの楽しみ方をお教えします。 1,100円

50歳からの時間の使いかた 弘兼憲史
老化は成長の過程。ワイン、映画、車、ゲーム。アラフィフからの人生、存分な楽しみ方を弘兼憲史が指南する。 1,000円

表示価格はすべて本体価格(税別)です。本体価格は変更することがあります。